江西省历史建筑实录

郑云扬 李 浩 著

中国建筑工业出版社

图书在版编目（CIP）数据

江西省历史建筑实录/郑云扬，李浩著. —北京：
中国建筑工业出版社，2023.4
ISBN 978-7-112-28493-1

Ⅰ．①江… Ⅱ．①郑… ②李… Ⅲ．①古建筑-江西
-图集 Ⅳ.①TU-092.956

中国国家版本馆 CIP 数据核字（2023）第 046343 号

历史建筑在环境、风格、位置或设计方面均遵循传统的建筑标准，是具有独特的地方民俗风情和深厚历史意义的建筑物。从某种意义上说，历史建筑不仅是当地文化变迁的产物，还是其历史文化的重要载体。本书对江西省景德镇浮梁、九江都昌和宜春樟树第一批挂牌历史建筑进行实地调研、测绘，获得第一手数据资料并绘制现状图纸（总平面图、平面图、立面图、剖面图和大样图等），结合当地村情村貌、历史事件等加以介绍阐述。

本书适合从事建筑学相关专业的技术和科研人员，以及历史建筑、旅游爱好者参考阅读。

责任编辑：杨　允
责任校对：董　楠

江西省历史建筑实录
郑云扬　李　浩　著
*
中国建筑工业出版社出版、发行（北京海淀三里河路 9 号）
各地新华书店、建筑书店经销
霸州市顺浩图文科技发展有限公司制版
北京中科印刷有限公司印刷
*
开本：880 毫米×1230 毫米　1/16　印张：14　字数：440 千字
2023 年 4 月第一版　　2023 年 4 月第一次印刷
定价：**68.00** 元
ISBN 978-7-112-28493-1
（40236）

前　言

习近平总书记指出："讲清楚中华优秀传统文化是中华民族的突出优势，是我们最深厚的文化软实力"。具体体现中华传统文化的一个区域或一个城市所遗存是历史建筑的显著特征，我们和我们的城市也因此可以"以古人之规矩，开自己之生面"，以深厚的文化软实力更好地建设现代美好城乡。

历史建筑作为地方文化的重要载体，它不仅是各个历史阶段留存下来的物质资产，更是未来城乡发展所需的文化资源。历史建筑保护工作在新一轮城镇化建设中地位凸显，它承载着不可再生的历史、文化和艺术信息，具有重要的历史价值。几十年来，城乡的快速发展使得建筑的更新频率日益提速，历史建筑见证了时代的发展，它们有的曾经、有的仍在承载着人们的安居之所，它们是传统文化的一个重要部分，讲述着我们是谁、我们从哪来这样的时代命题，从传统文明"来"（从哪来）和现代文明"去"（往哪去）的两个向度定义着我们，告诉我们何以"存在"，何以"诗意般地安居在大地上"。

为了加强传统建筑的保护，继承和弘扬优秀历史文化遗产，促进城乡建设与历史文化保护协调发展，2015 年 8 月，江西省住房和城乡建设厅制定《江西省开展传统建筑调查、认定、建档、挂牌工作方案》，随即由全省范围内县级住建部门负责开展具体传统建筑的调查、认定、建档和挂牌保护工作。本书结合江西省景德镇浮梁、九江都昌和宜春樟树第一批挂牌历史建筑现状实情，分为纪念建筑、祠堂建筑、传统民居和楼坊桥井四个模块，收录 43 个建（构）筑物概况，且基于实地调研测量数据信息、三维激光点云模型绘制图纸并整理成册，为认识、学习、保护和研究当地历史建筑提供翔实、可靠的基础性研究成果与资料。我们相信，在中国特色社会主义的新时代，历史建筑能够并且应当对接乡村振兴的发展主题，更好地融入城乡居民的生活中，以共同绘就美丽中国新画卷。

参与本书有关内容编写、建（构）筑物测绘的有胡豪、李倩、胡家发、张佩欣、瞿婷、常鑫。胡豪负责曹村祠堂、吕氏宗祠、华七公祠、继述堂、胡顺民宅、蔡德文宅、"御赐俸禄"坊及门楼、巢守律老屋、马涧桥、杨蔼泉旧宅及本书初稿排版、汇总整理工作；李倩负责新庄朱氏宗祠、九六甲祠堂、内蒋礼堂、太和堂、章德春宅、胡安民宅、珠联璧合桥、古石桥、落思桥；胡家发负责革命烈士纪念堂、秋浦县苏维埃旧址、邓村祠堂、胡氏宗祠、金氏宗祠、胡保钱宅、七星桥、刘禹花屋、砚桥、西大街 14 号民居、民主街 56 号民居；张佩欣负责革命烈士纪念碑、沽演林氏宗祠、章氏宗祠、邬氏宗祠、太初堂、臧湾大夫第、胡水荣宅、万寿宫 21 号民居、师姑井；瞿婷负责徐门楼、寡妇桥；常鑫负责占乔松洋房、谭家桥。

目　　录

·景德镇浮梁篇·

1.1 纪念建筑

革命烈士纪念碑

鹅湖镇革命烈士纪念碑航拍图

鹅湖镇革命烈士纪念碑位于景德镇市浮梁县鹅湖镇鹅湖村的一处山上，由鹅湖人民公社于1977年设立。鹅湖镇作为浮梁县的红色文化宝地，革命烈士纪念碑是当地一处红色教育基地，每年定期开展系列红色主题教育活动。

纪念碑由牌坊、碑座和碑身三部分组成。碑身南北两面刻有鲜红的"革命烈士永垂不朽"八个大字；碑座上显眼的黑色石碑上镌刻着在抗日战争和抗美援朝战争中，为国捐躯的先烈们的姓名；牌坊上"为有牺牲多壮志，敢教日月换新天"的诗句和"为国光荣"的誓言慷慨激昂，掷地有声！

鹅湖镇革命烈士纪念碑

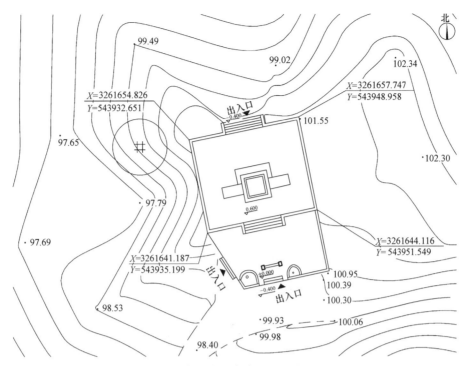

革命烈士纪念碑总平面图

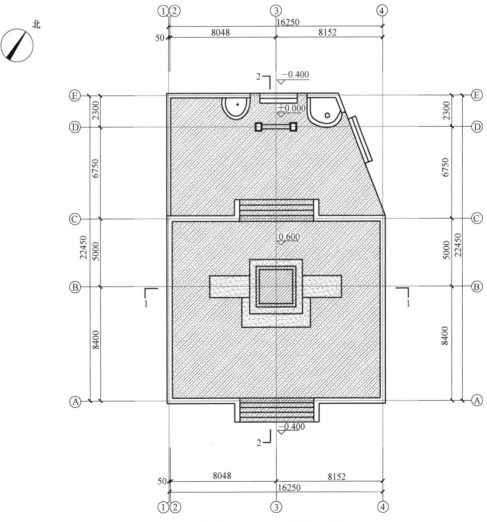

革命烈士纪念碑平面图（上）、南立面图（下）（一）

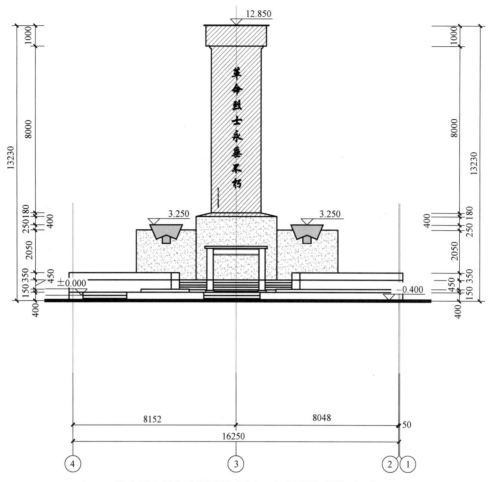

革命烈士纪念碑平面图（上）、南立面图（下）（二）

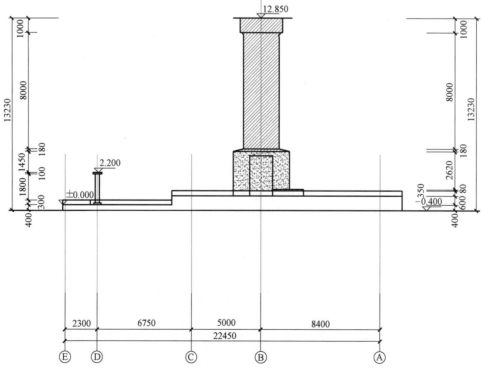

革命烈士纪念碑东立面图

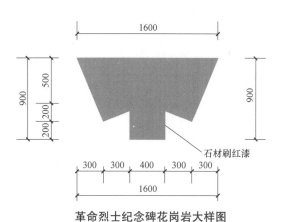

革命烈士纪念碑花岗岩大样图

革命烈士纪念堂

革命烈士纪念堂航拍图

革命烈士纪念堂位于浮梁县蛟潭镇胡宅村，与中共河西县委旧址同属琅溪自然村，目前用作红色文化宣讲展览空间，又名"红军大礼堂"，为中共河西县委革命历史展陈馆、浮梁县党性教育基地等红色主题实践教育基地。建筑坐东朝西，背靠一山坡，为两层砖木结构，内部结构保存较好，外观端庄肃穆，具有较显著的赣派传统建筑风格。

革命烈士纪念堂

革命烈士纪念堂室内

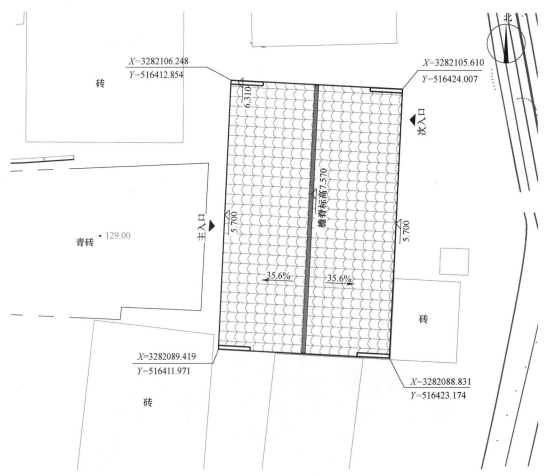

革命烈士纪念堂总平面图

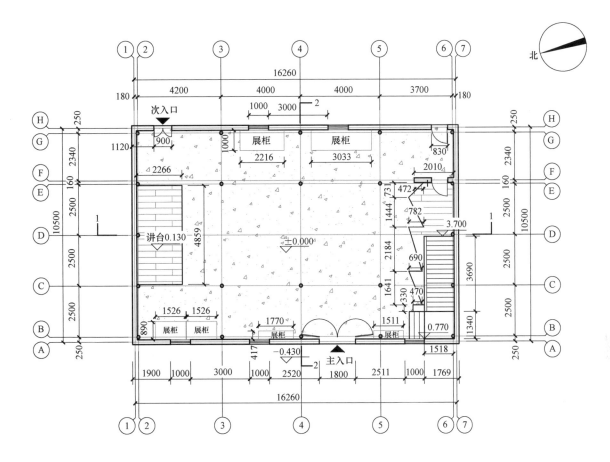

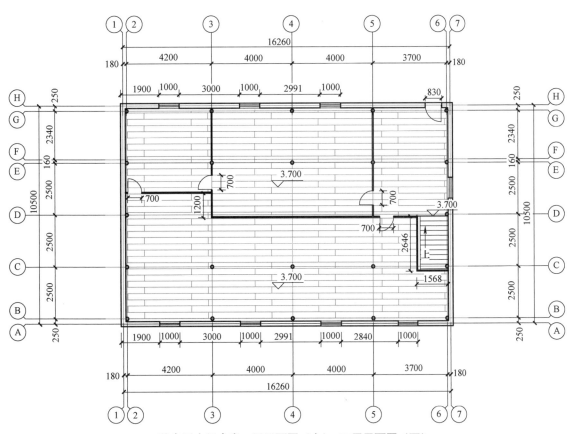

革命烈士纪念堂一层平面图（上）、二层平面图（下）

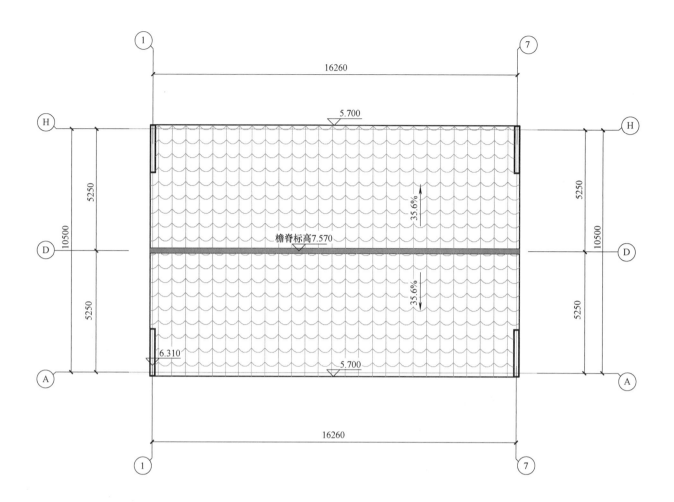

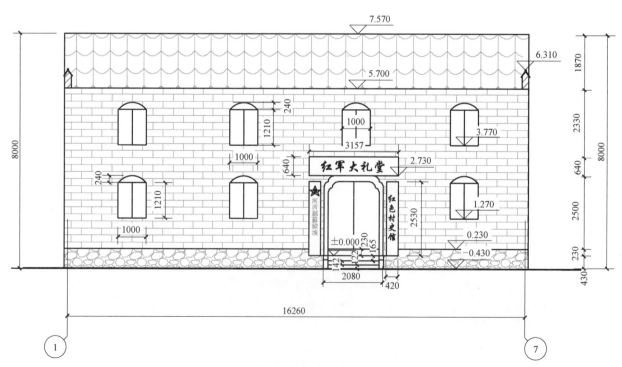

革命烈士纪念堂屋顶平面图（上）、西立面图（下）

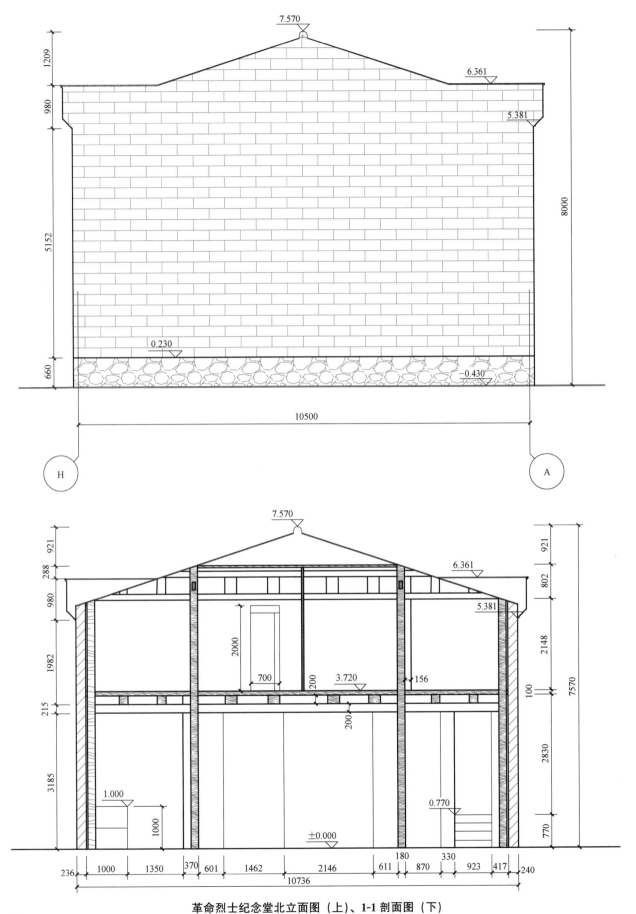

革命烈士纪念堂北立面图（上）、1-1剖面图（下）

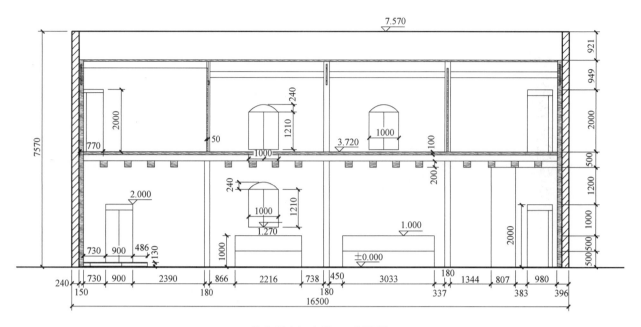

革命烈士纪念堂 2-2 剖面图

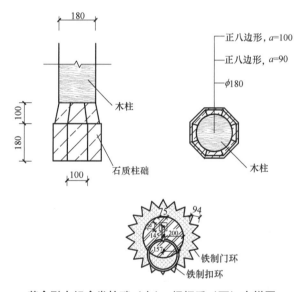

正八边形，a=100
正八边形，a=90
ϕ180
木柱

木柱
石质柱础

铁制门环
铁制扣环

革命烈士纪念堂柱础（上）、门把手（下）大样图

秋浦县苏维埃旧址

秋浦县苏维埃旧址建于 1920 年，两层砖木结构，外墙砖墙，为 1931—1934 年革命战争年代开展地下组织革命活动会址。从经公桥往南 13km，有一个叫刘家的自然村。这里位于江西浮梁、鄱阳和安徽东至三县交界处，四周山林密布，小溪自村西穿过，加之村民绝大多数生活贫困，群众基础较好，不仅便于革命力量的聚集和转移，而且有利于革命政权的建立和发展壮大。

中共秋浦县委领导人民进行的革命斗争，有力地打击了国民党的反动统治，配合了闽浙赣苏区的反"围剿"斗争和红军北上抗日先遣队的战斗，在皖赣边区革命斗争史上写下了光辉的一页。

秋浦县苏维埃旧址航拍图

秋浦县苏维埃旧址现状

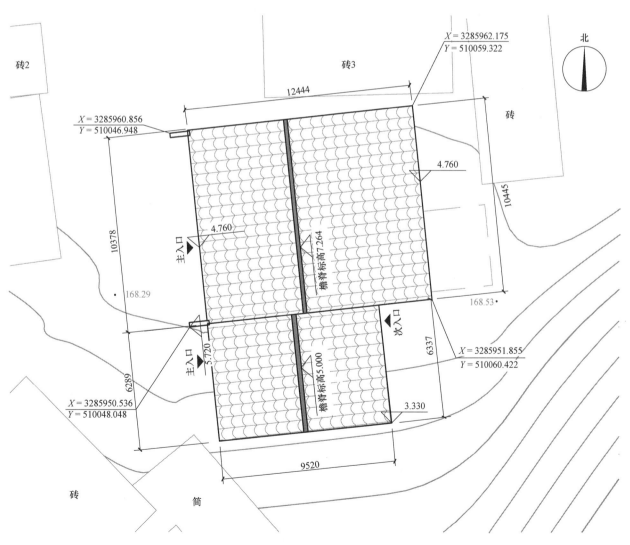

秋浦县苏维埃旧址总平面图

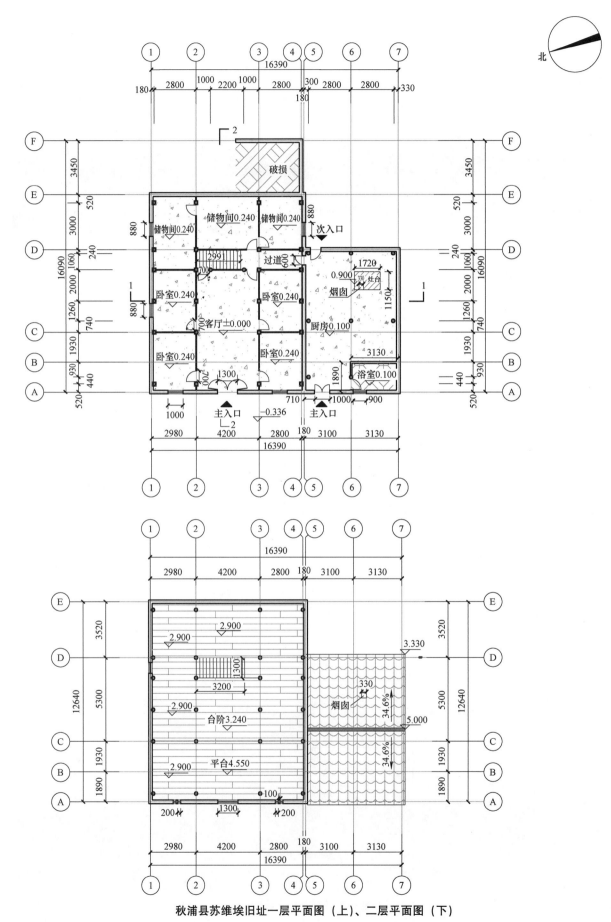

秋浦县苏维埃旧址一层平面图（上）、二层平面图（下）

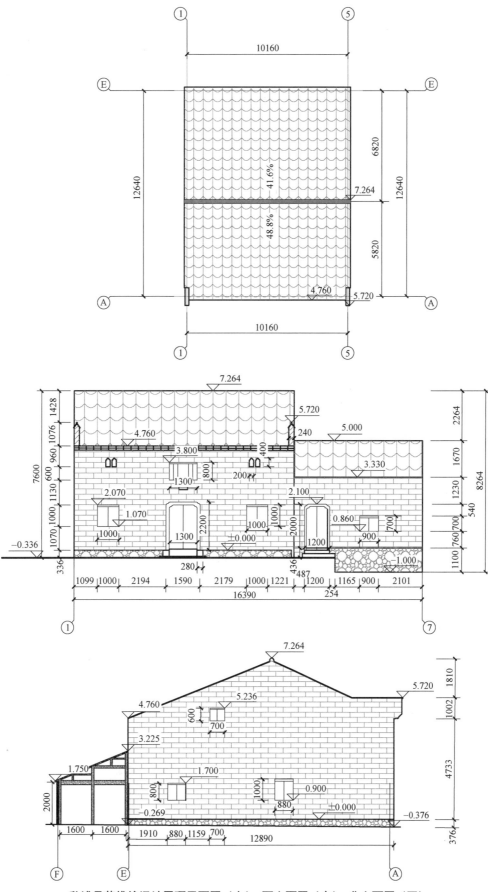

秋浦县苏维埃旧址屋顶平面图（上）、西立面图（中）、北立面图（下）

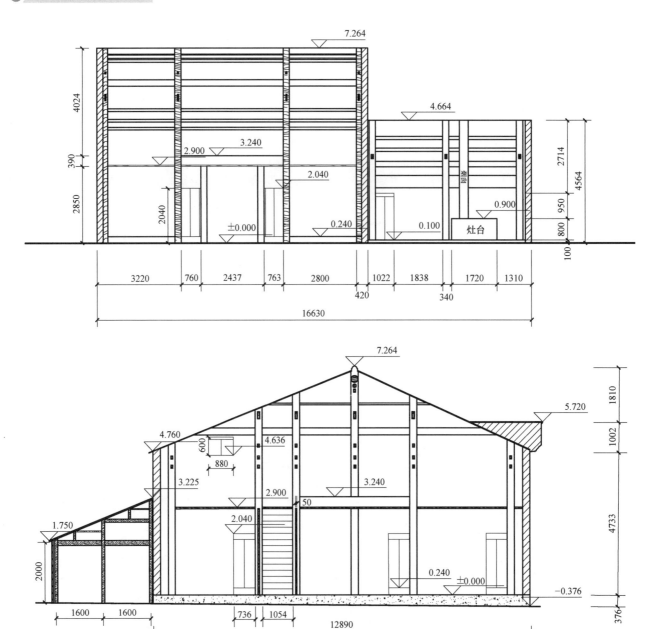

秋浦县苏维埃旧址 1-1 剖面图（上）、2-2 剖面图（下）

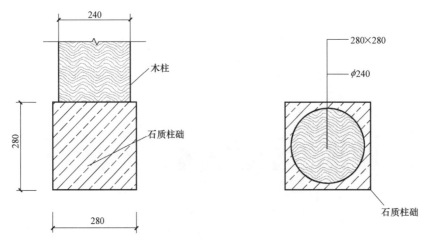

秋浦县苏维埃旧址柱础大样图

1.2　祠堂建筑

曹村祠堂

曹村祠堂航拍图

　　曹村祠堂建于清朝初期,二层砖木结构,双坡青瓦顶,祠堂高差变化明显,属山地建筑类型,内部结构组合多样,建筑前、后部两进院落各设置一处天井,原为传统祠堂建筑,现常作为村内举办活动的公共建筑,具有一定历史考古参考和旅游价值。

曹村祠堂

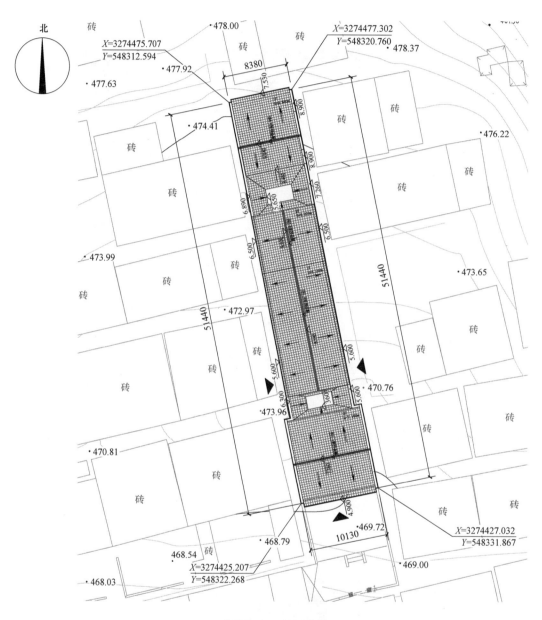

曹村祠堂总平面图

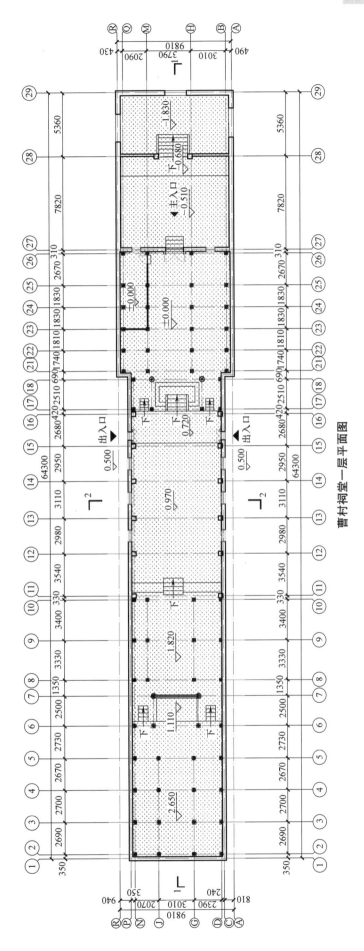

曹村祠堂一层平面图

北

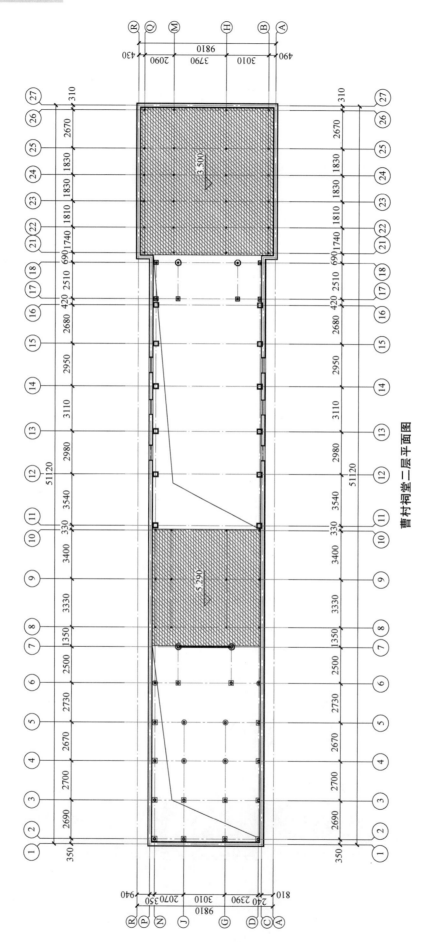

曹村祠堂二层平面图

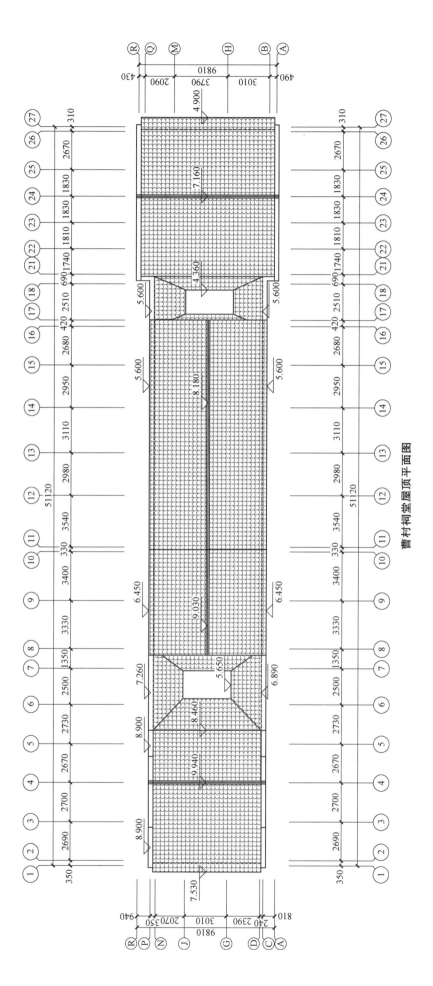

曹村祠堂屋顶平面图

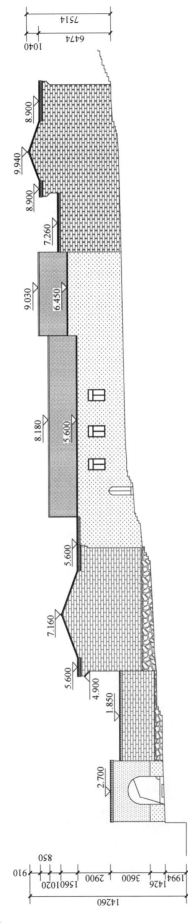

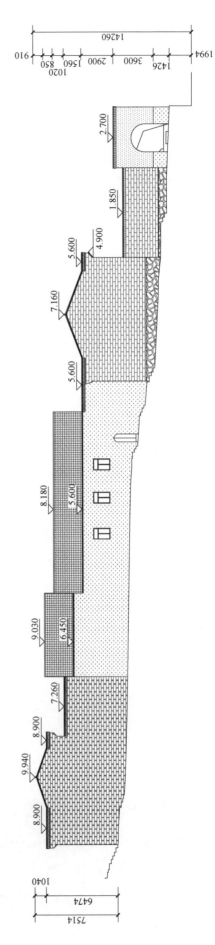

曹村祠堂东立面图（上）、西立面图（下）

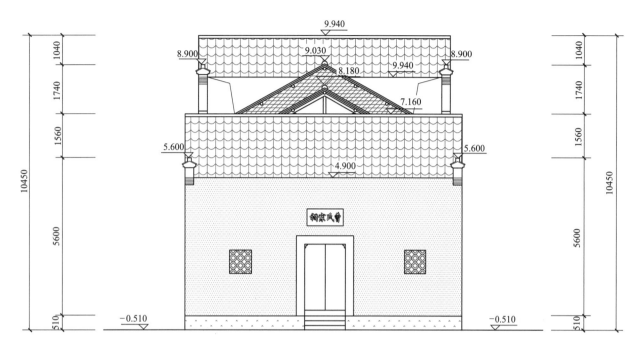

曹村祠堂南立面图

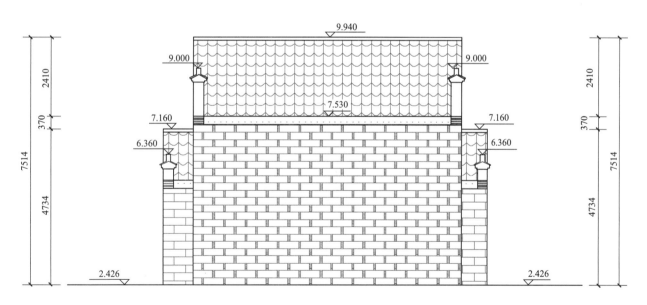

曹村祠堂北立面图

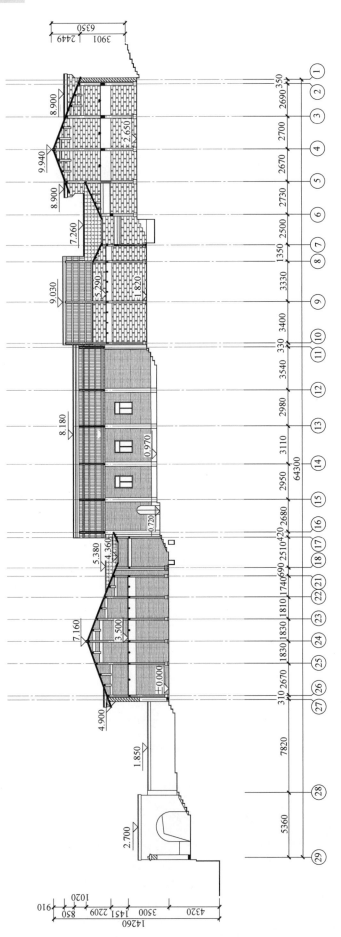

曹村祠堂 1-1 剖面图

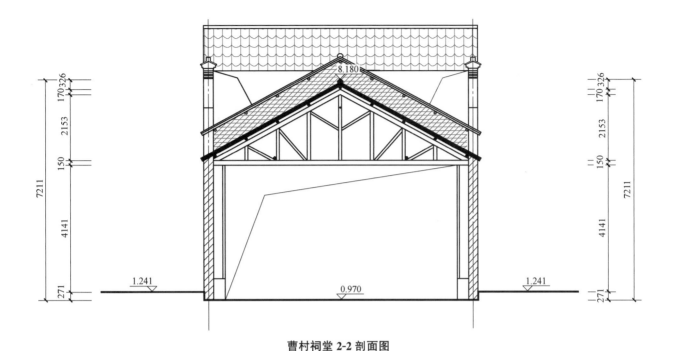

曹村祠堂 2-2 剖面图

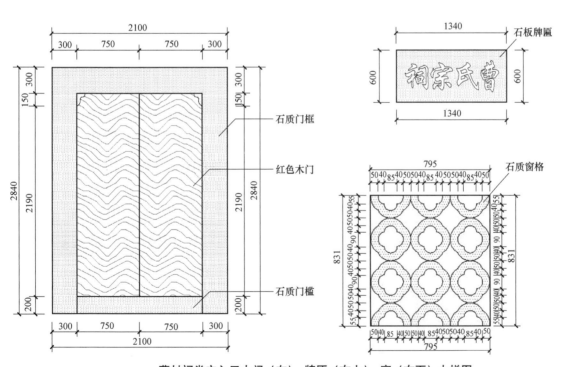

曹村祠堂主入口大门（左）、牌匾（右上）、窗（右下）大样图

邓村祠堂

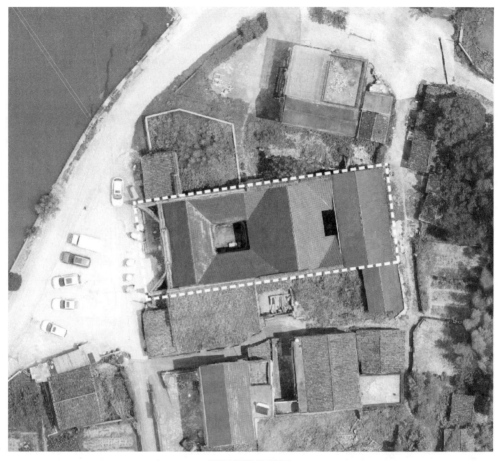

邓村祠堂航拍图

邓村祠堂建于清朝初期，为两层砖木结构，外墙为砖墙，祠堂保存完好。近年该村投资 50 多万元对村里古老宗祠进行翻新改造，建成老年群众活动中心，是邓村深入开展新农村建设、大力实施乡村振兴战略结出的丰硕成果。

邓村祠堂

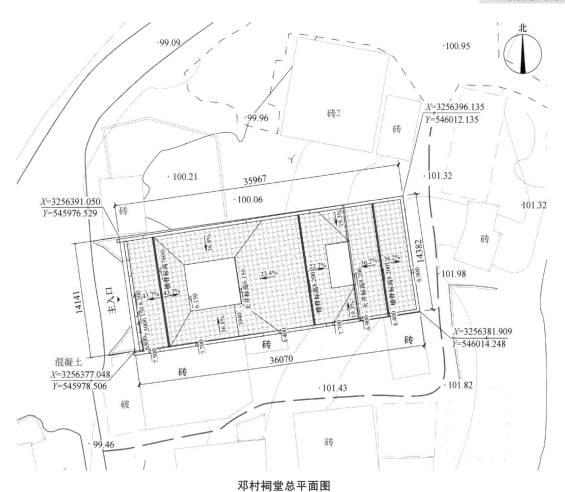

邓村祠堂总平面图

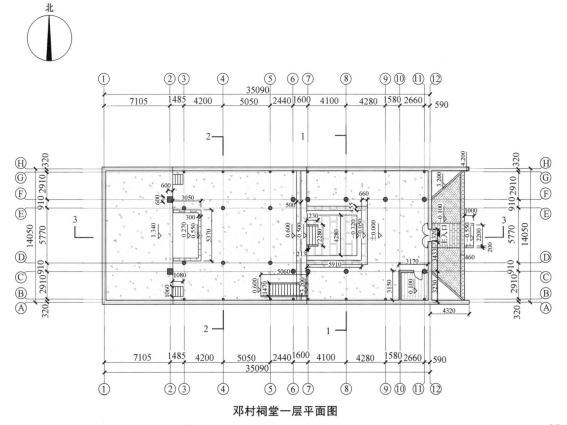

邓村祠堂一层平面图

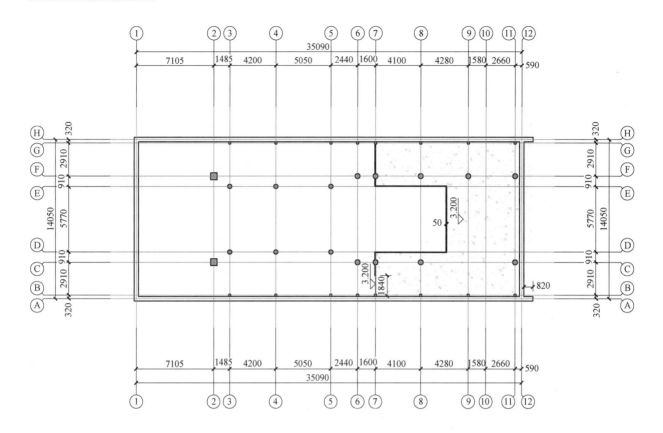

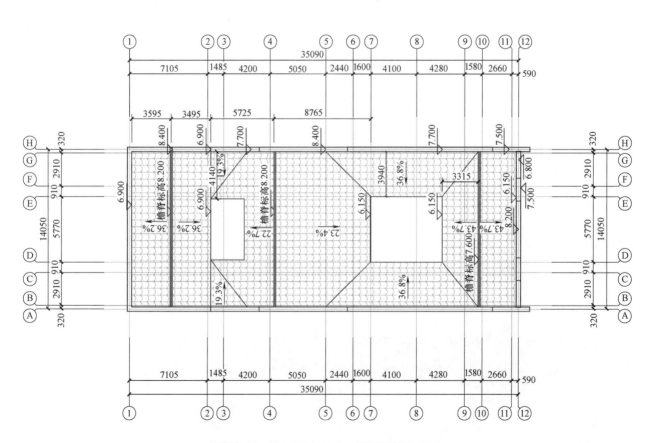

邓村祠堂二层平面图（上）、屋顶平面图（下）

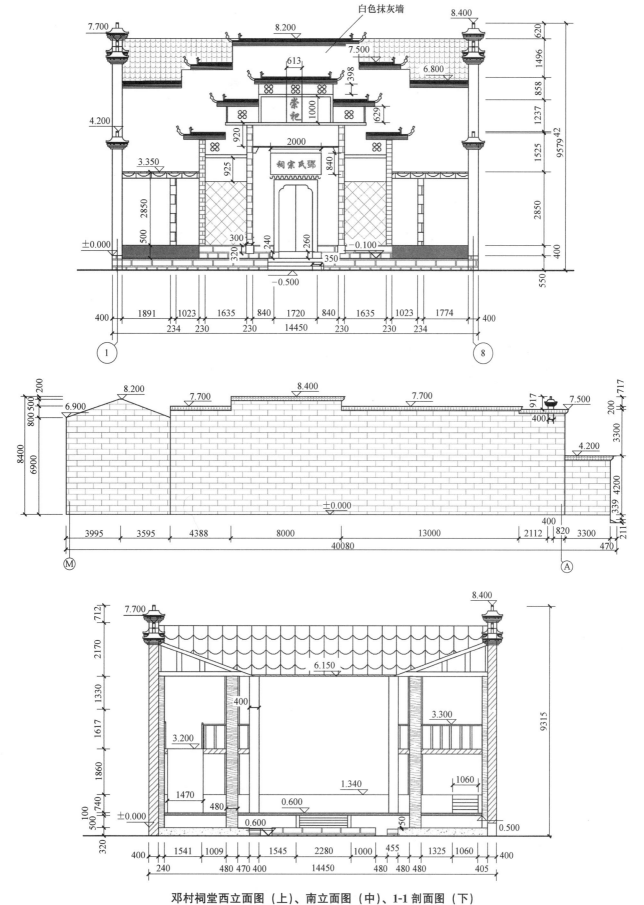

邓村祠堂西立面图（上）、南立面图（中）、1-1剖面图（下）

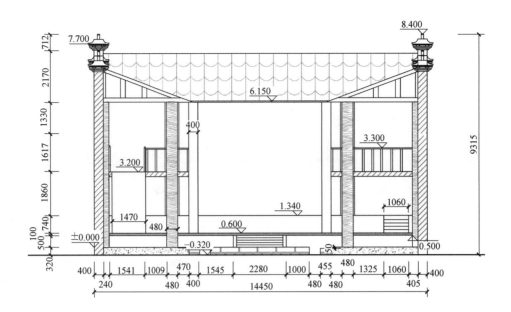

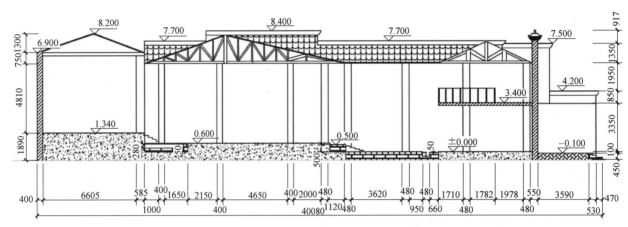

邓村祠堂 2-2 剖面图（上）、3-3 剖面图（下）

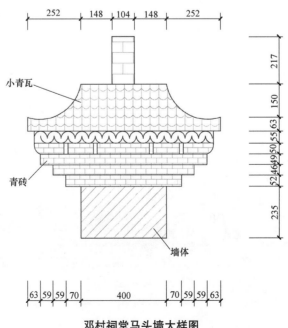

邓村祠堂马头墙大样图

沽演林氏宗祠

沽演林氏宗祠航拍图

沽演林氏宗祠原为朱氏祠堂，始建于元朝至正年间，原址为距此往东约800m处。据《林氏宗谱》记载，顺治年间，由林氏向朱氏买下，换梁换匾额复建到现址。林氏宗祠之规模，在浮梁现有古祠中堪称一流，无论高度、宽度与深度均为第一。这是一座前有明堂后有天井的徽派建筑。地上砖木部分，巍峨雄伟，做工考究，富丽堂皇；地面及地下部分，砖石建材品级奢华，设计施工神奇巧妙。

沽演林氏宗祠（一）

沽演林氏宗祠（二）

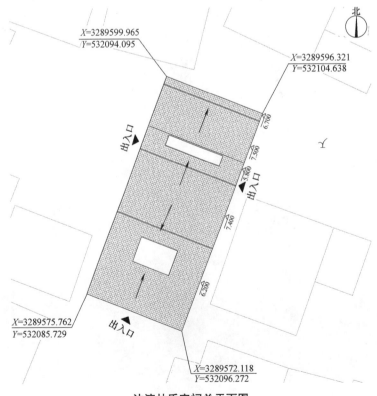

北

X=3289599.965
Y=532094.095

X=3289596.321
Y=532104.638

出入口

6.700

7.500

5.800

出入口

7.400

6.200

X=3289575.762
Y=532085.729

出入口

X=3289572.118
Y=532096.272

沽演林氏宗祠总平面图

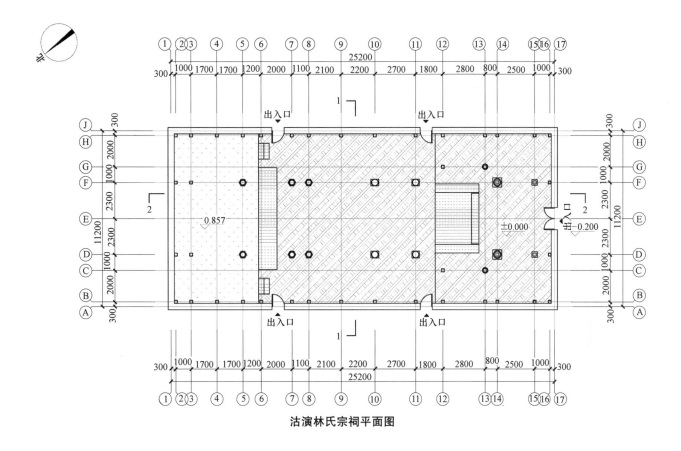

沽演林氏宗祠平面图

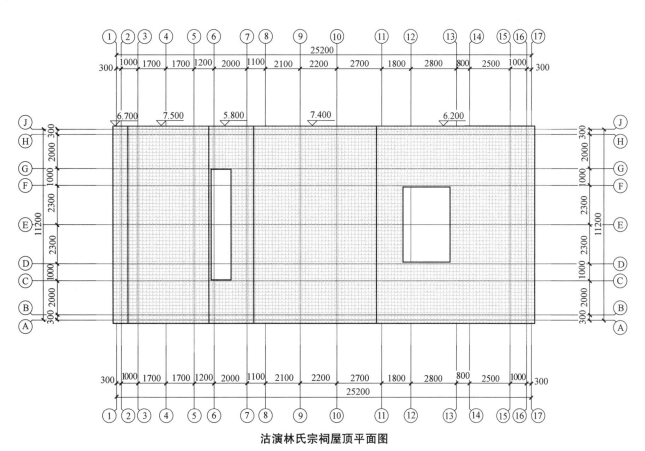

沽演林氏宗祠屋顶平面图

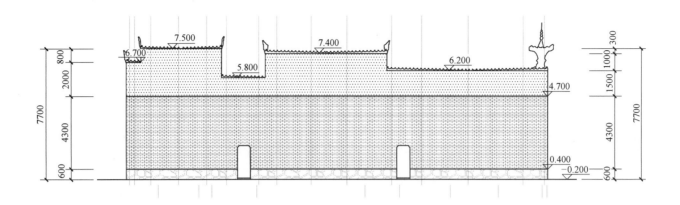

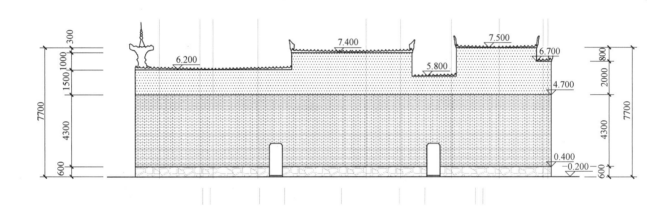

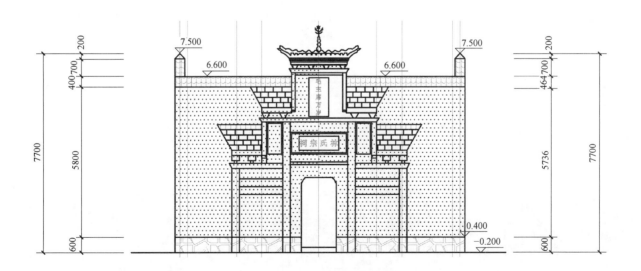

沽演林氏宗祠西立面图（上）、东立面图（中）、南立面图（下）

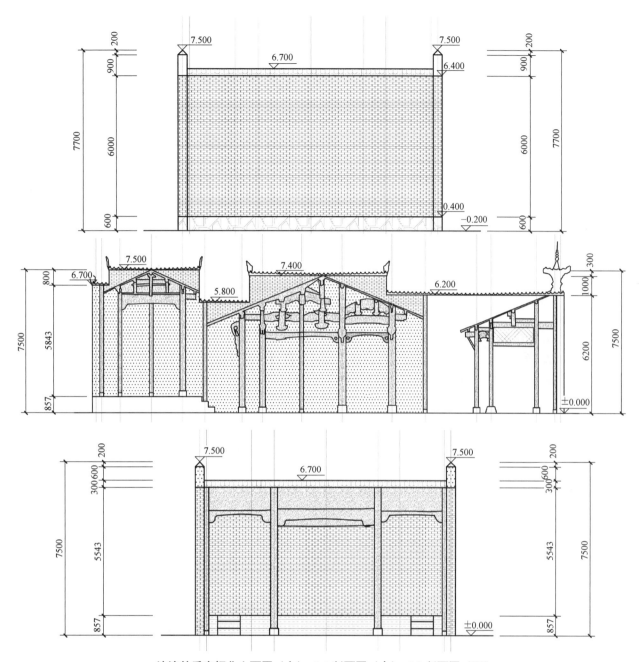

沽演林氏宗祠北立面图（上）、1-1 剖面图（中）、2-2 剖面图（下）

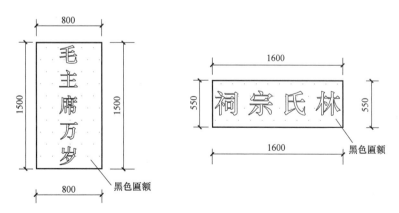

沽演林氏宗祠主入口匾额大样图

新庄朱氏宗祠

新庄朱氏宗祠航拍图

　　新庄朱氏祠堂位于浮梁县江村乡新庄村、溪口村，是一座清朝乾隆年间建造的三间四柱五架结构的宗祠，又称"寿治堂"。木架保存较好，祠堂整体上为二进厅堂砖石结构。祠堂长约27m，宽约12m，总面积超过540m²。门楼砖雕万字花纹，阶梯由青石铺成。天井、青石地板和庙堂保存尚好。梁架门罩木质雕刻精细，有乾隆年间御赐牌匾一块，展示了当时木匠超高的雕刻手艺。该祠堂对于研究当地的历史建筑和文化具有重要价值。

新庄朱氏宗祠

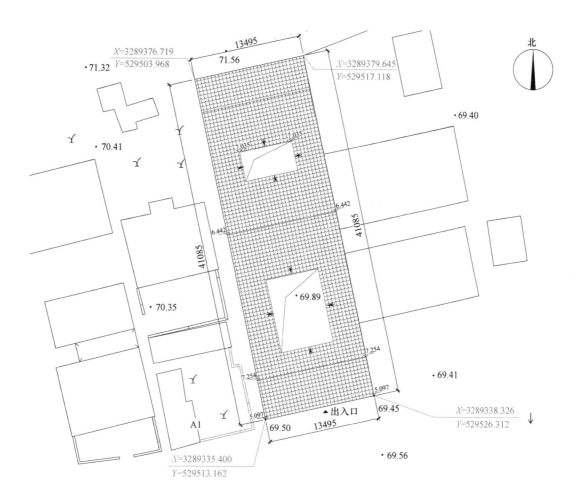

新庄朱氏宗祠总平面图

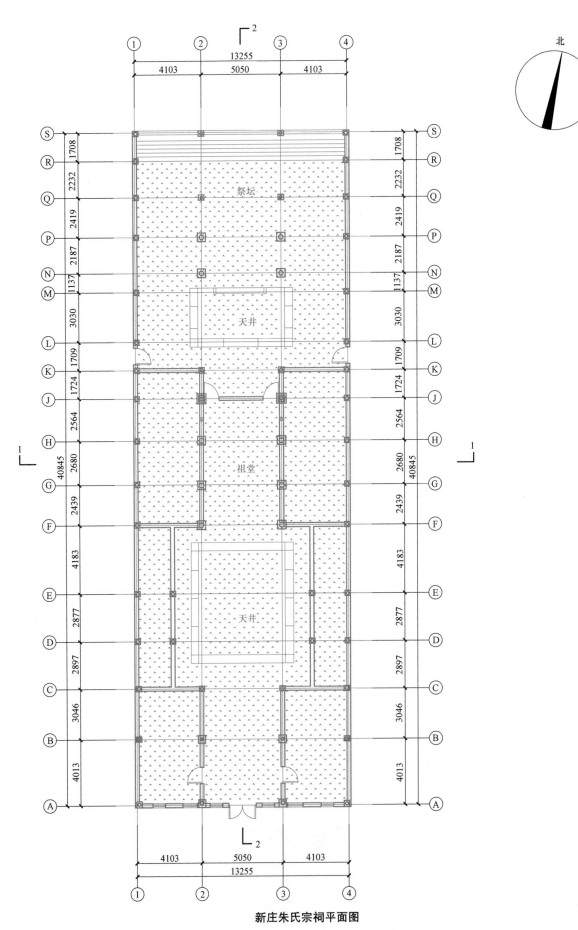

新庄朱氏宗祠平面图

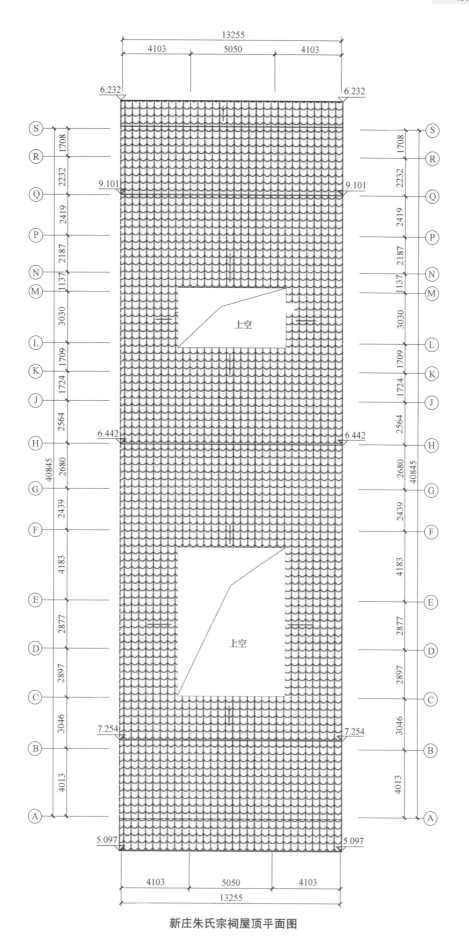

新庄朱氏宗祠屋顶平面图

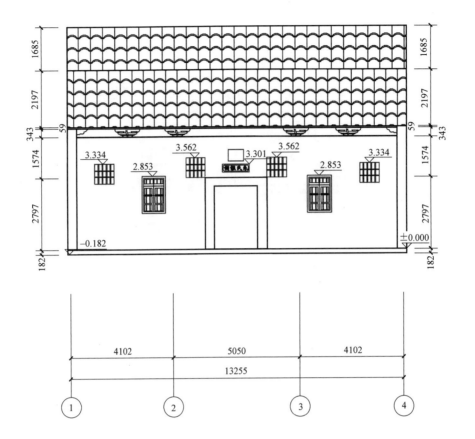

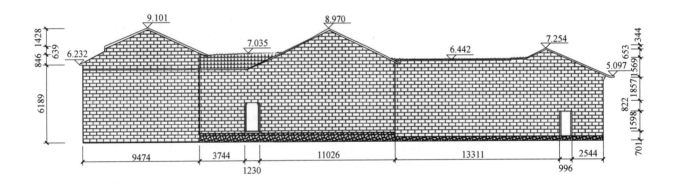

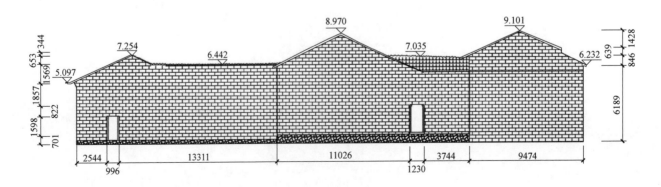

新庄朱氏宗祠南立面图（上）、东立面图（中）、西立面图（下）

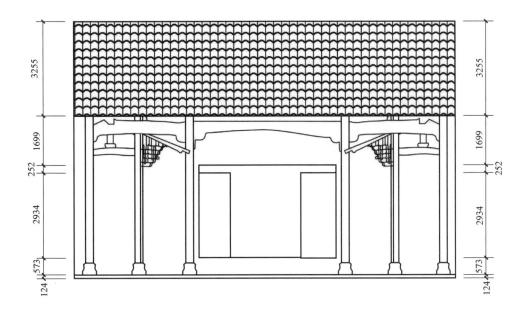

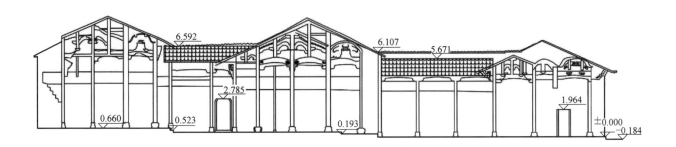

新庄朱氏宗祠 1-1 剖面图（上）、2-2 剖面图（下）

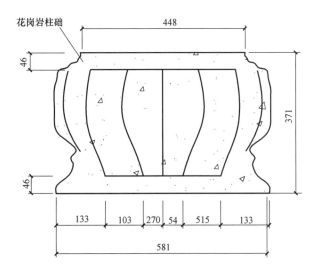

新庄朱氏宗祠柱础大样图

吕氏宗祠

吕氏宗祠航拍图

　　吕氏宗祠始建于明清时期，二层砖木结构，双坡青瓦顶，徽派建筑。祠堂高差变化明显，属坡地建筑类型，建筑前、后部设置双天井，内部结构保存良好，为传统祠堂建筑，具有一定的历史考古参考意义和旅游价值。

吕氏宗祠

吕氏宗祠室内

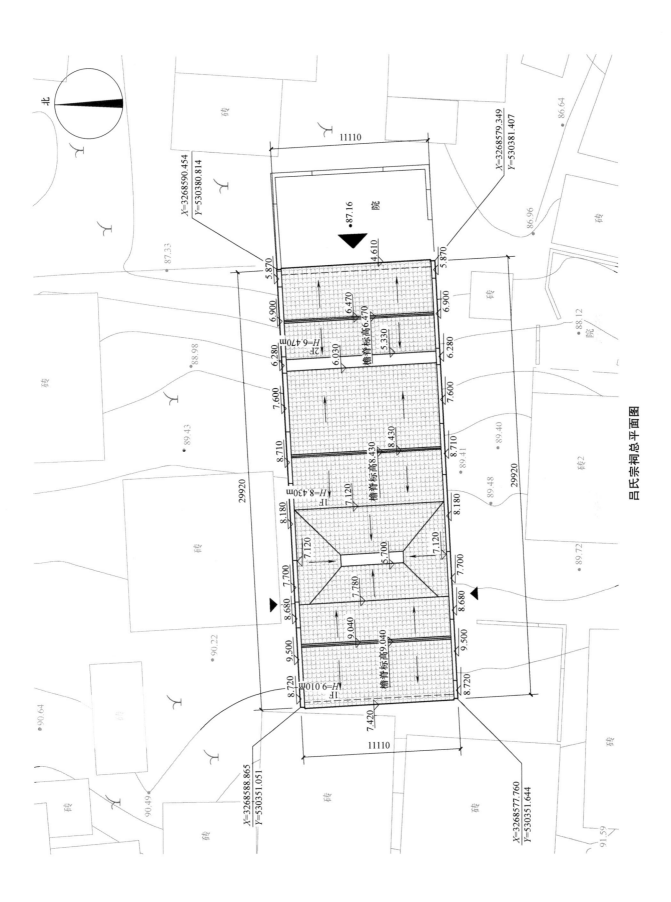

吕氏宗祠总平面图

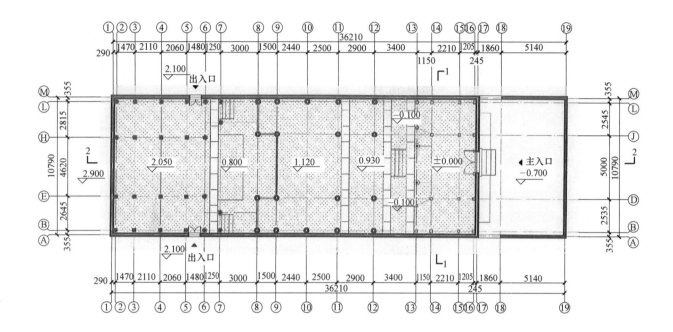

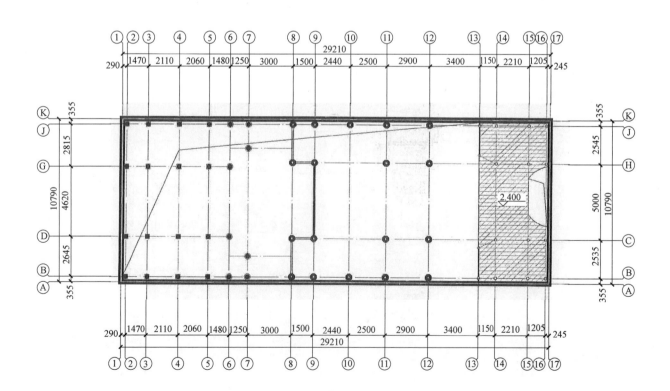

吕氏宗祠一层平面图（上）、二层平面图（下）

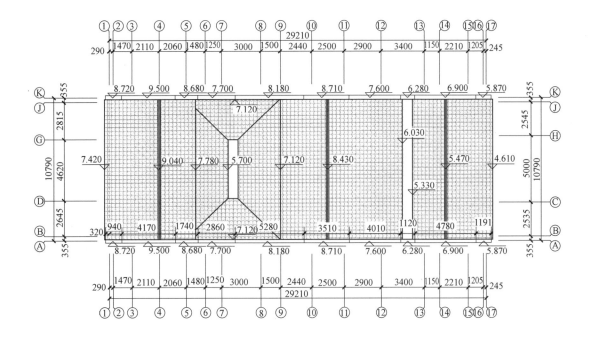

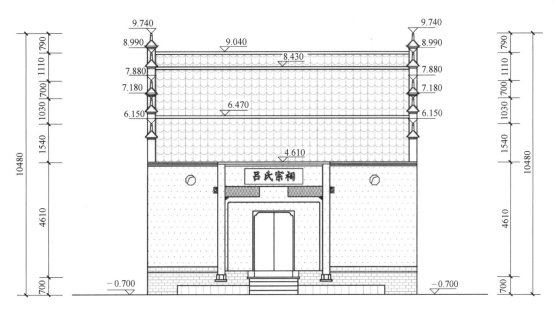

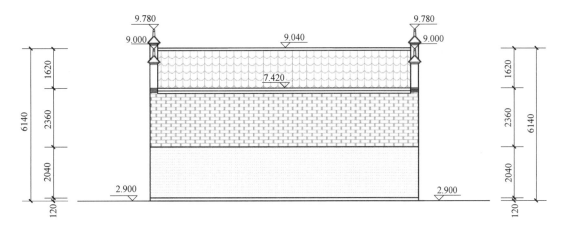

吕氏宗祠屋顶平面图（上）、东立面图（中）、西立面图（下）

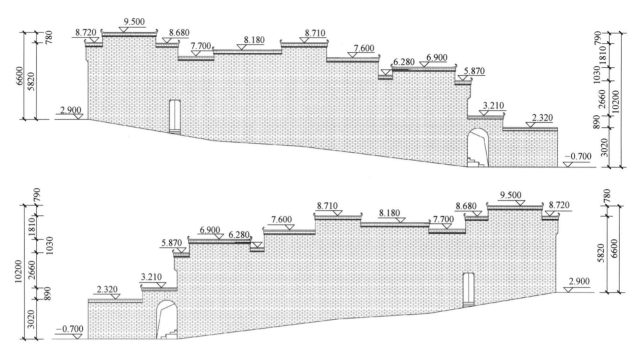

吕氏宗祠南立面图（上）、北立面图（下）

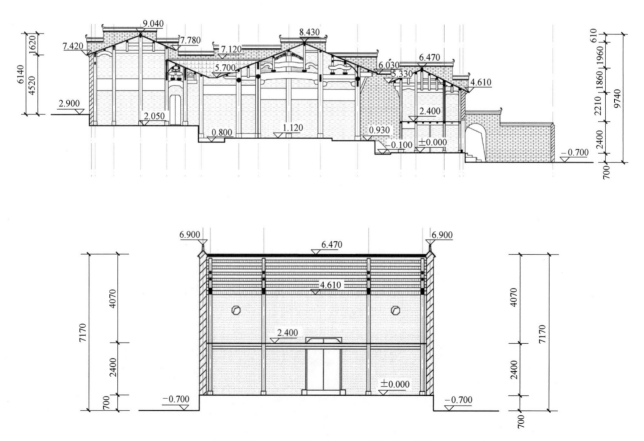

吕氏宗祠 1-1 剖面图（上）、2-2 剖面图（下）

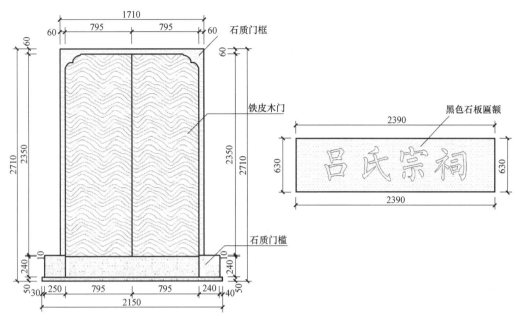

吕氏宗祠主入口大门（左）、匾额（右）大样图

胡氏宗祠

胡氏宗祠航拍图

　　胡氏宗祠位于村落中间位置，依来龙降山而建，建于清中期，占地面积约 850m²，高约 12m。胡氏宗祠由当时湖南会馆制图，历时 5 年方建造完工，门头气势恢宏，"明经"两个字苍劲有力，由当时进士胡芬执笔挥就。门头主要由砖雕、石雕装饰而成。1930—1934 年革命战争年代曾在此开展革命活动，1979 年上映的电影《祭红》在此取景，2001 年由村民捐资进行了初步修缮。

胡氏宗祠

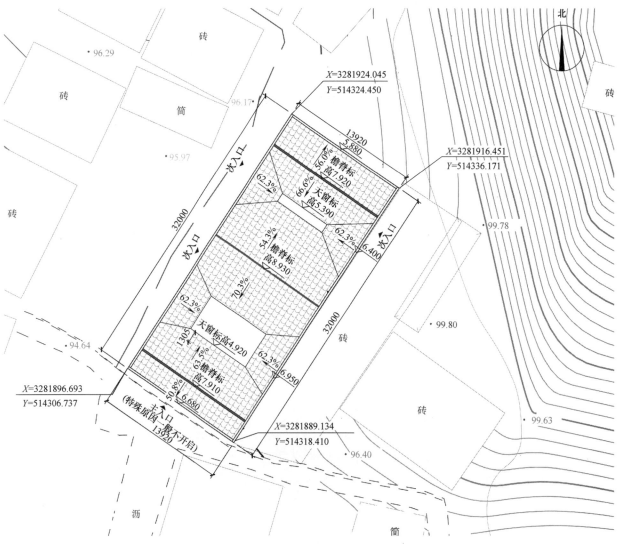

胡氏宗祠总平面图

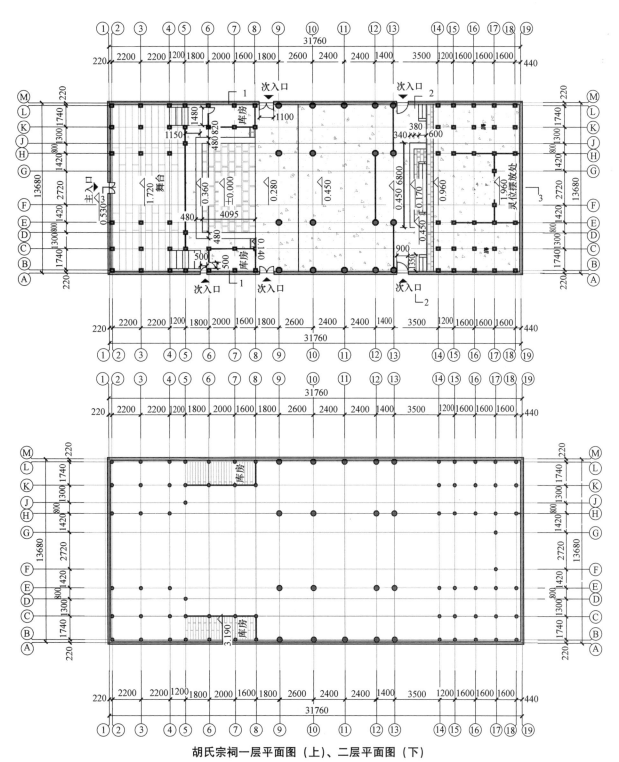

胡氏宗祠一层平面图（上）、二层平面图（下）

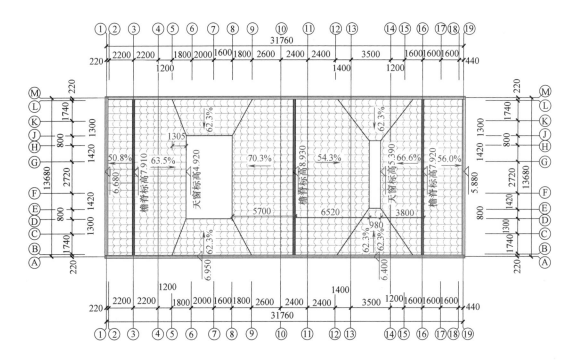

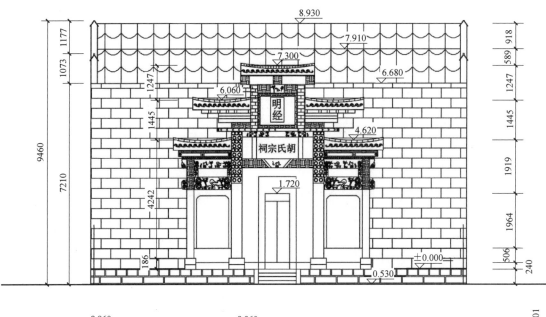

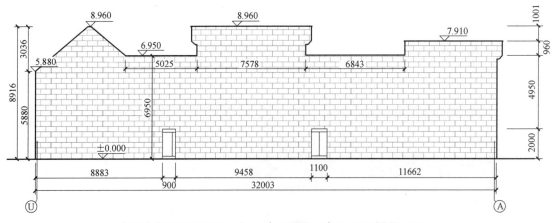

胡氏宗祠屋顶平面图（上）、南立面图（中）、西立面图（下）

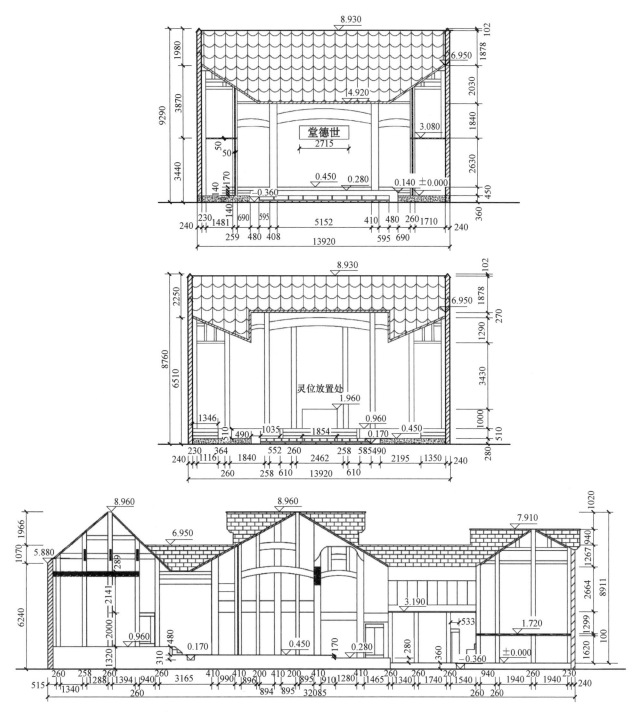

胡氏宗祠 1-1 剖面图（上）、2-2 剖面图（中）、3-3 剖面图（下）

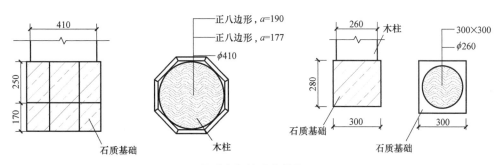

胡氏宗祠柱础大样图

章氏宗祠

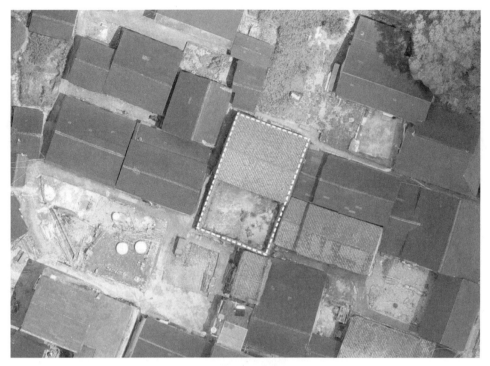

章氏宗祠航拍图

  章氏祖祠依村落"架上金盆"狮子拜龙台而建，是清朝中期的建筑。前半部分因一场火灾而维修，后半部分保存完整，该祖祠高约 8m，宽约 16m，进深约 28m。家谱记载，明朝中期胡宅有一商人胡文荣经商至云南丽江，遇匪抢劫，钱币尽无，幸有福港一章氏在丽江为官，得知后奉胡文荣为上宾，住数日而资其返家。次年章氏回乡探视，胡文荣即上门拜访，席间得知章氏后地有水患，心有搬迁之意，胡氏感恩章氏丽江支援，诚邀章氏迁入胡宅，以 20 余亩地作为章氏居住之址，并结为姻亲，族里立下规矩，胡章不分，永不相欺。因此当地称该祠堂为祖祠，胡姓后人可以进入拜祭。

章氏宗祠（一）

章氏宗祠（二）

北

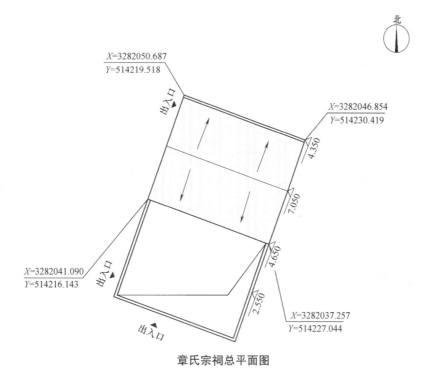

章氏宗祠总平面图

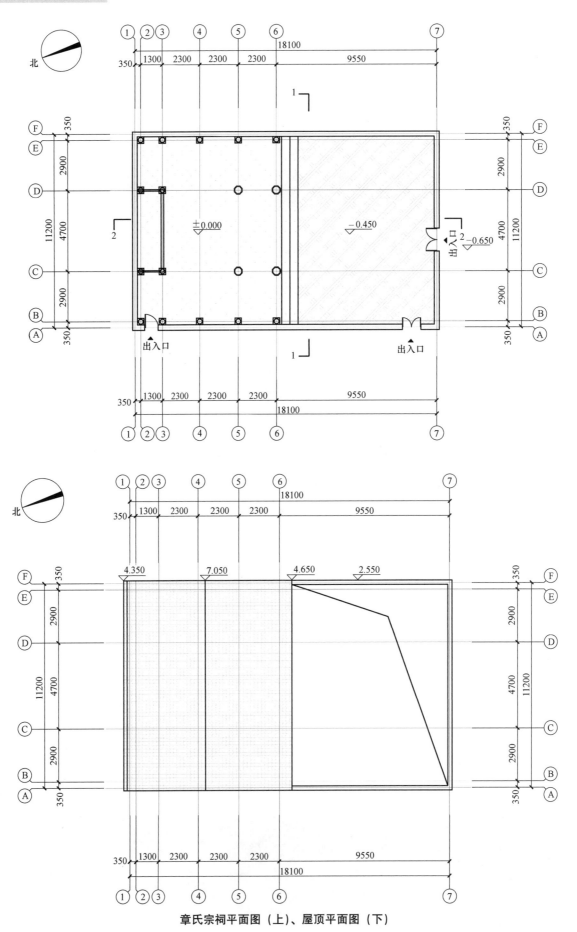

章氏宗祠平面图（上）、屋顶平面图（下）

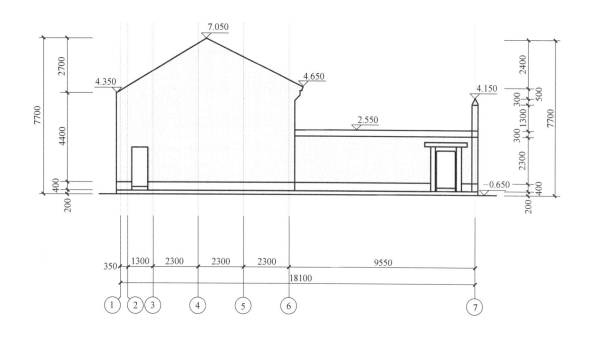

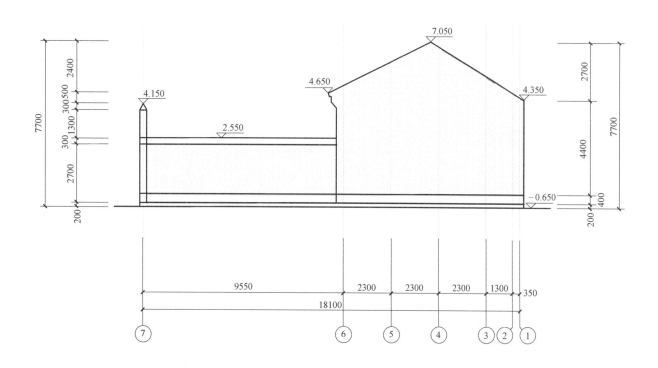

章氏宗祠南立面图（上）、北立面图（下）

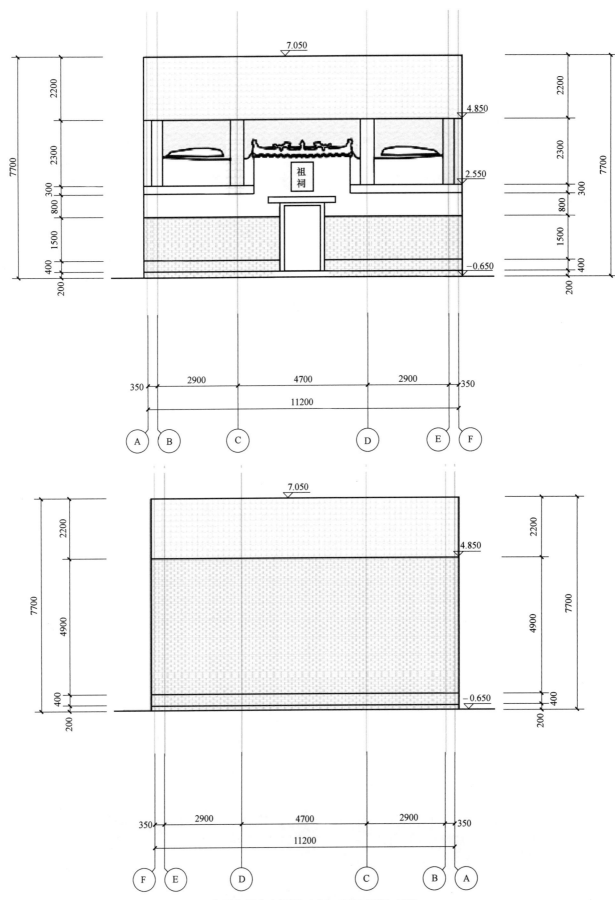

章氏宗祠东立面图（上）、西立面图（下）

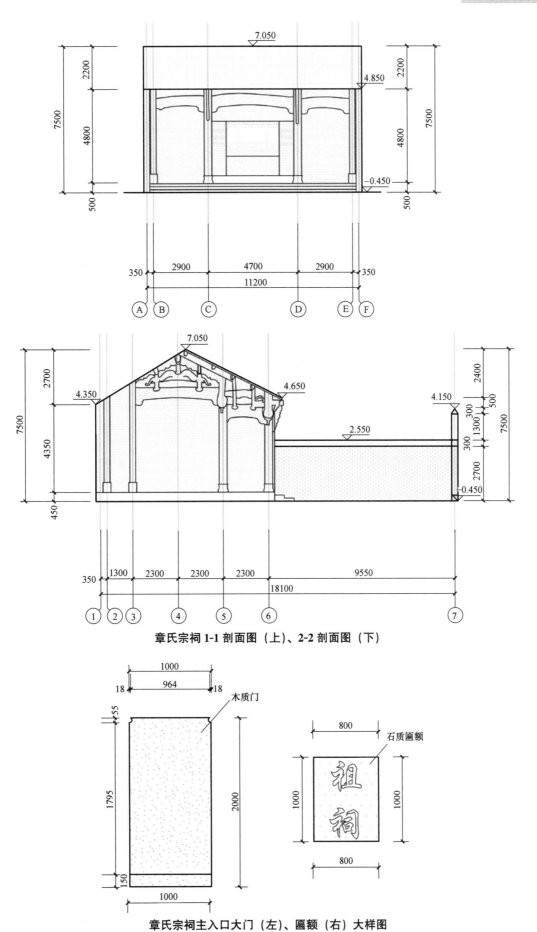

章氏宗祠 1-1 剖面图（上）、2-2 剖面图（下）

章氏宗祠主入口大门（左）、匾额（右）大样图

金氏宗祠

金氏宗祠航拍图

　　金氏宗祠建于清朝，坐落于蛟潭镇建胜村胜湖组。其风格为徽派建筑，两层多进，开一天井，充分发挥通风、透光、排水作用。天井周沿，还设有雕刻精美的栏杆和"美人靠"。墙角、天井、栏杆、照壁、漏窗等用青石、红砂石或花岗岩裁割成石条、石板筑就，且往往利用石料本身的自然纹理组合成图纹。

金氏宗祠（一）

金氏宗祠（二）

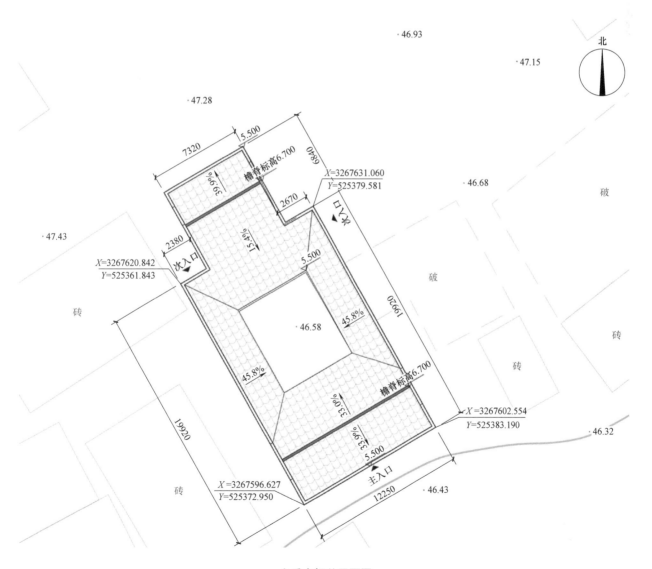

金氏宗祠总平面图

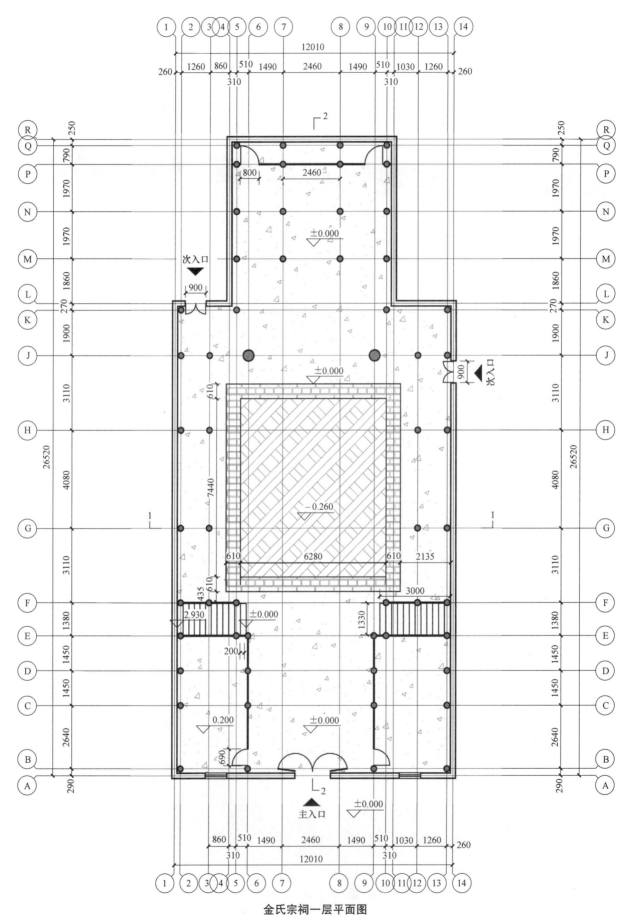

金氏宗祠一层平面图

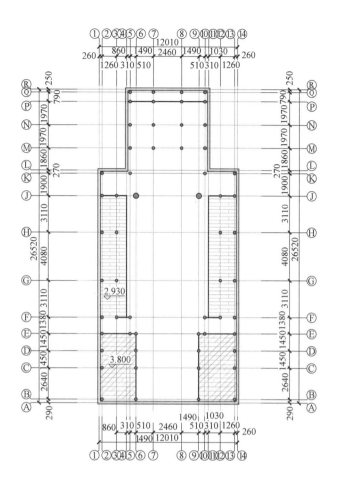

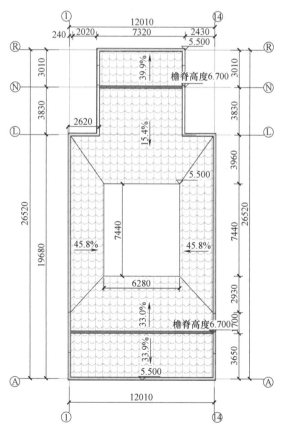

金氏宗祠二层平面图（左）、屋顶平面图（右）

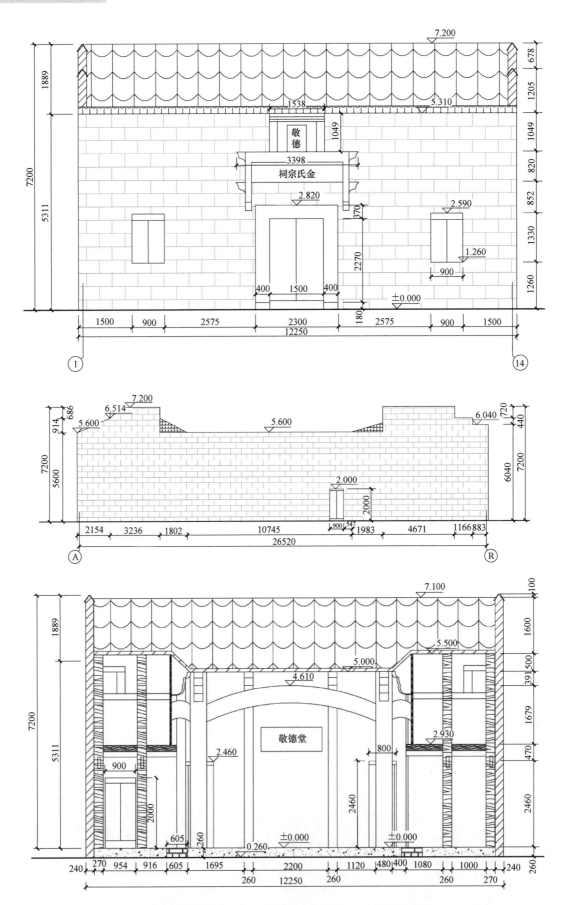

金氏宗祠南立面图（上）、西立面图（中）、1-1剖面图（下）

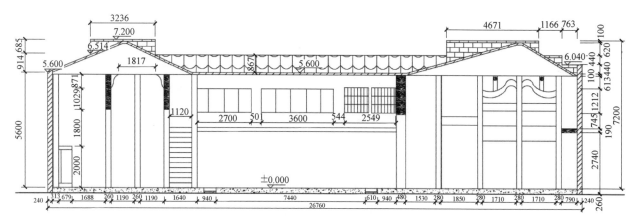

金氏宗祠 2-2 剖面图

金氏宗祠转角铺作大样图

华七公祠

华七公祠航拍图

华七公祠始建于明朝崇祯十五年（公元 1642 年），砖木结构，双坡青瓦顶，历时 6 年建造完成。现作仓储功能使用，内部结构保存良好，但屋顶破坏严重，为传统祠堂建筑，具有一定历史考古参考意义和旅游价值。

华七公祠

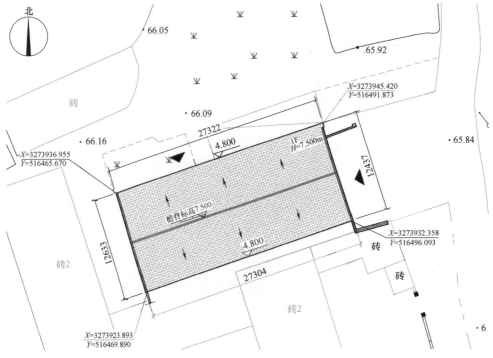

华七公祠总平面图

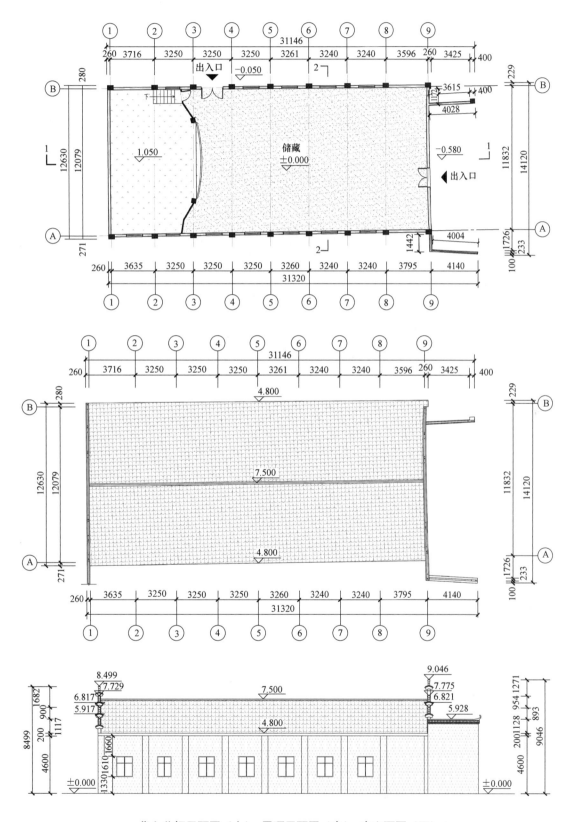

华七公祠平面图（上）、屋顶平面图（中）、南立面图（下）

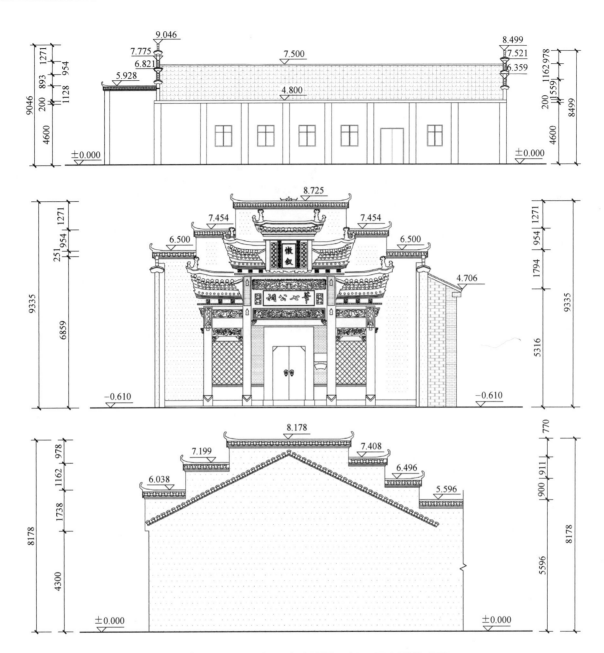

华七公祠北立面图（上）、东立面图（中）、西立面图（下）

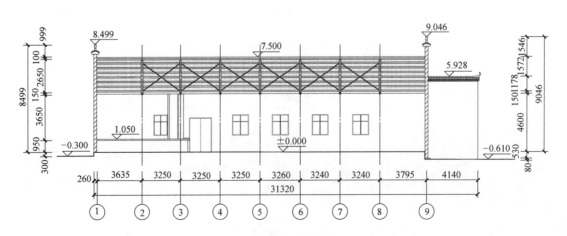

华七公祠 1-1 剖面图

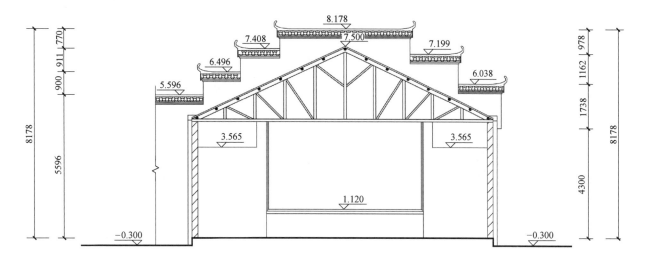

华七公祠 2-2 剖面图

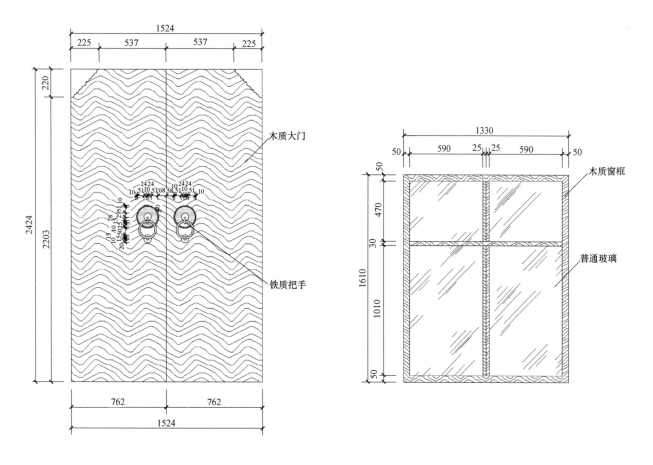

华七公祠主入口大门（左）、侧窗（右）大样图

九六甲祠堂

九六甲祠堂航拍图

　　九六甲祠堂位于蛟潭镇礼芳村，始建于明朝崇祯十年（公元 1637 年），到清朝因九甲家族无能力修缮，乾隆五年（公元 1740 年），六甲家族派丁投资修缮，祠内"碑记"记载了投资人名以为佐证，故称九六甲祠堂。祠堂为砖木结构，中轴线由外而内依次是头门、中堂、后堂，后堂放置祠堂牌位。门面装饰极为繁缛，雕刻精美，整体保存完好。

九六甲祠堂（一）

九六甲祠堂（二）

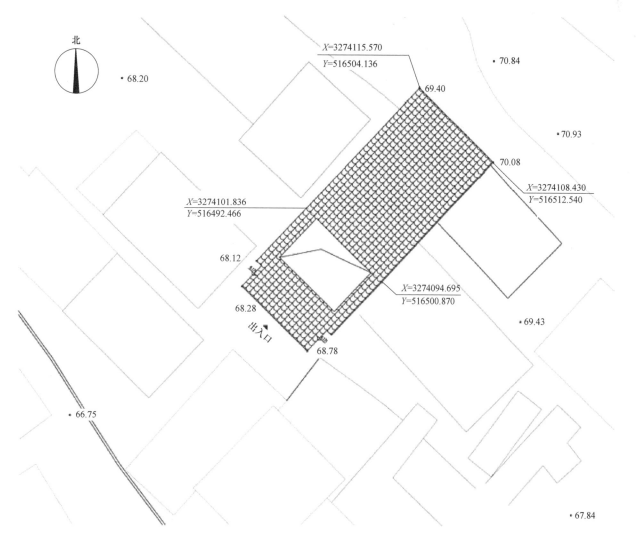

九六甲祠堂总平面图

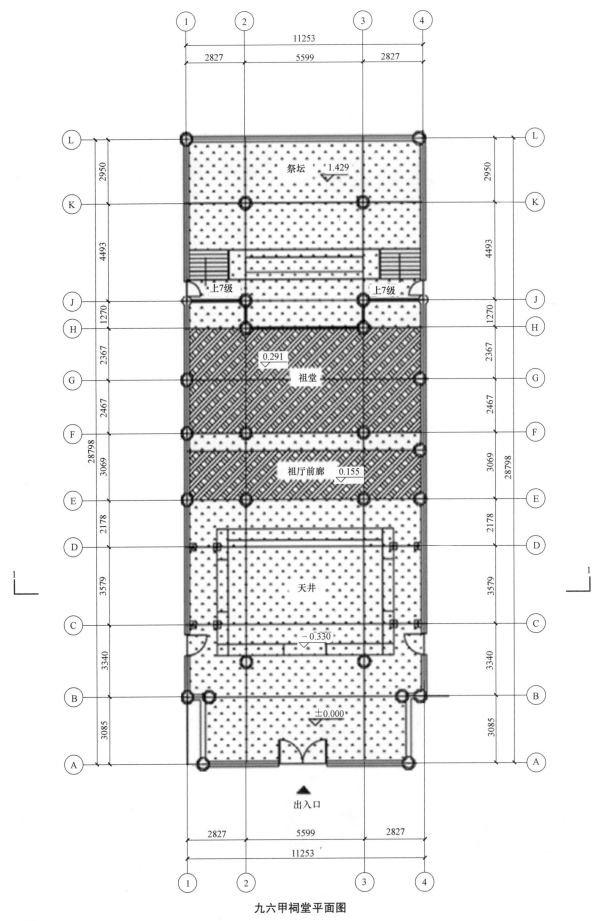

九六甲祠堂平面图

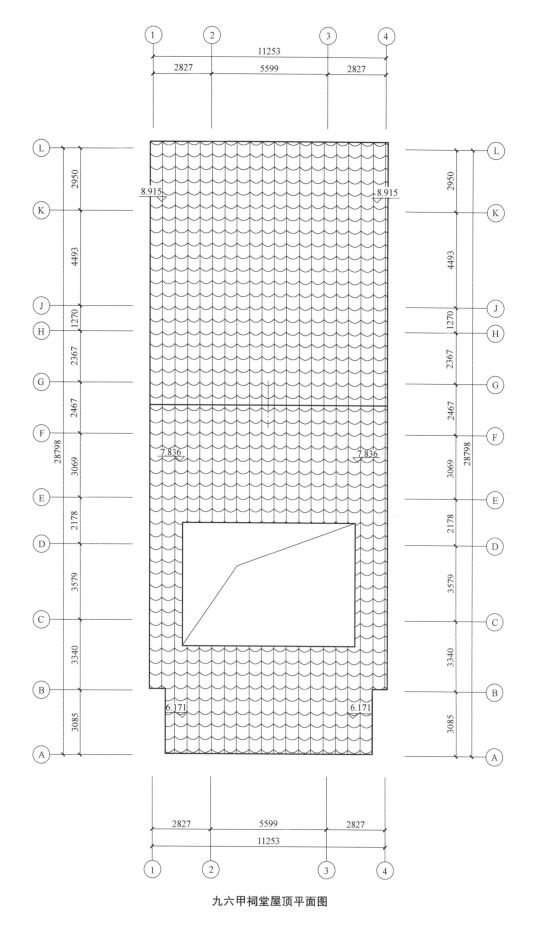

九六甲祠堂屋顶平面图

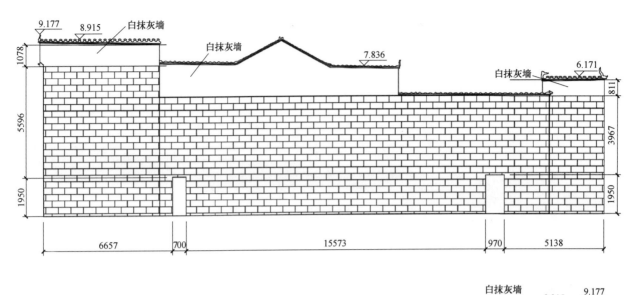

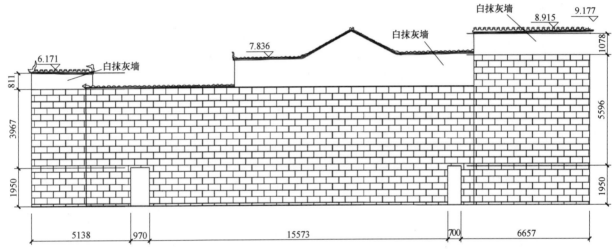

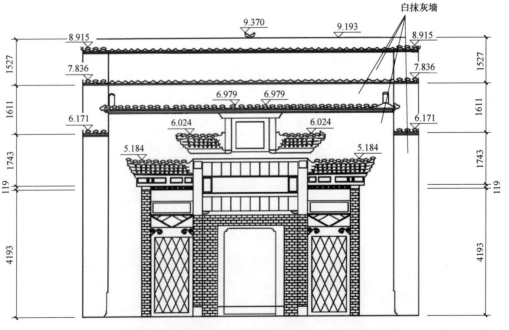

九六甲祠堂东立面图（上）、西立面图（中）、南立面图（下）

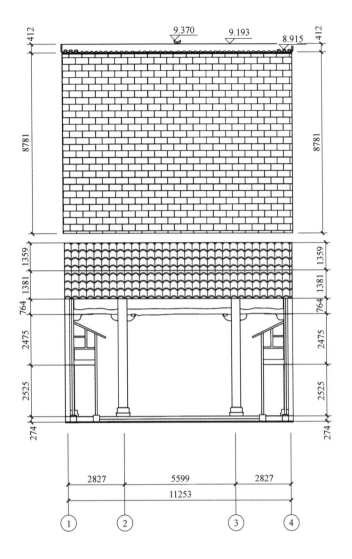

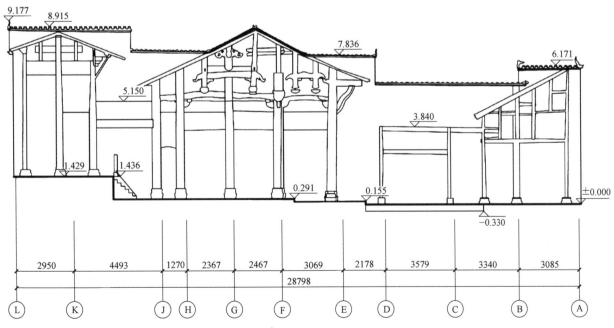

九六甲祠堂北立面图（上）、1-1 剖面图（中）、2-2 剖面图（下）

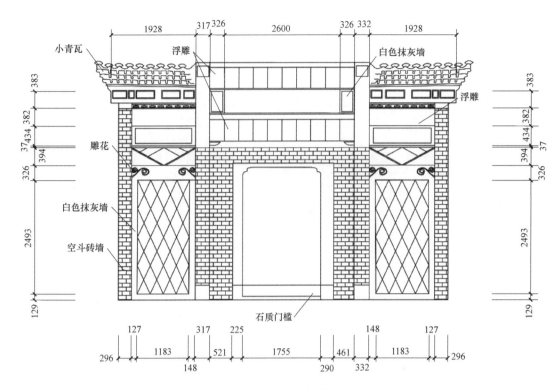

九六甲祠堂大门大样图

注：材质左右对称

内蒋礼堂

内蒋礼堂航拍图

内蒋礼堂坐落于蛟潭镇外蒋村内蒋组，面积约230m²，始建于民国时代，属徽派建筑风格。礼堂为单层建筑，内部结构极其简单，门窗较多，共设五个门十个窗，除前门外，左右各设两个门和五个窗户。屋顶为坡屋顶形式，墙南面屋顶做弧状装饰，墙上刻有五角星和"礼堂"二字，目前日常用于仓储。

内蒋礼堂

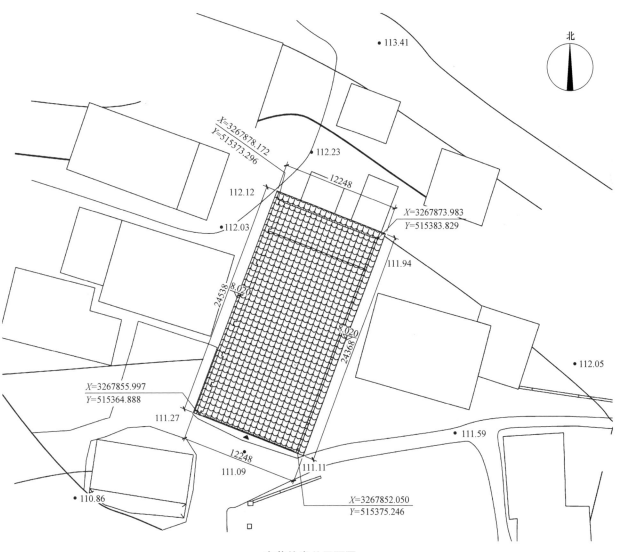

内蒋礼堂总平面图

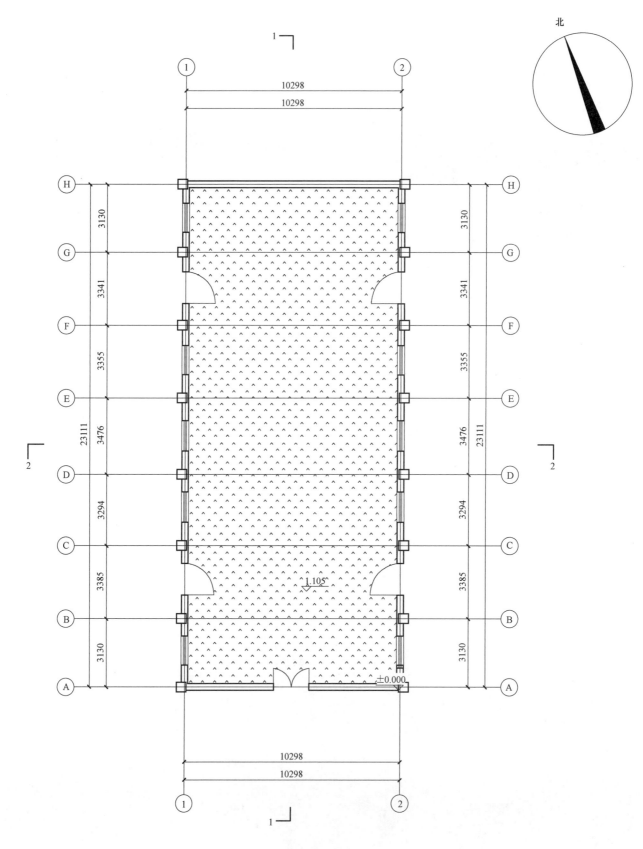

北

内蒋礼堂平面图

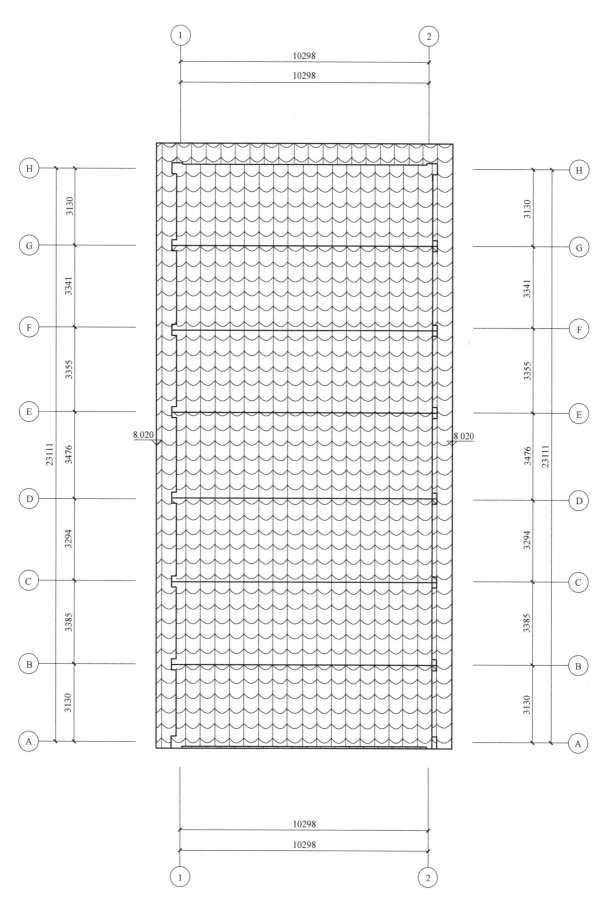

内蒋礼堂屋顶平面图

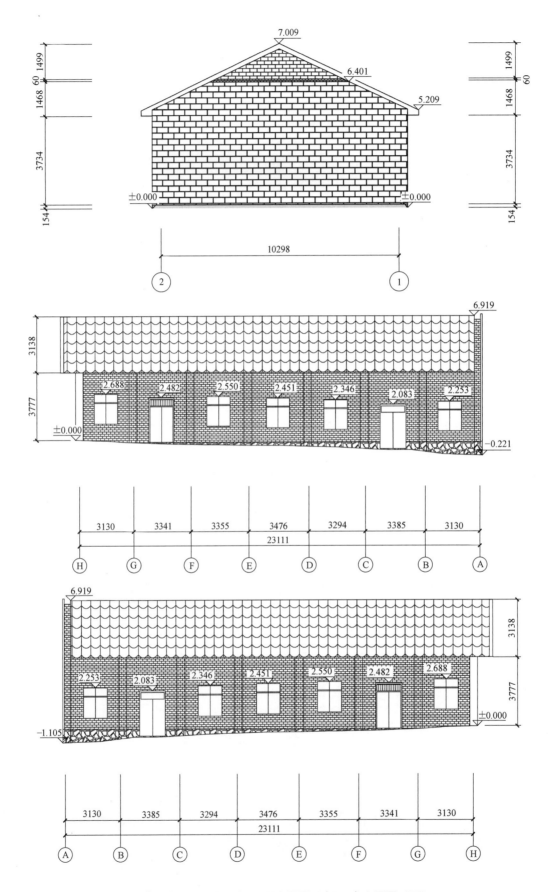

内蒋礼堂北立面图（上）、西立面图（中）、东立面图（下）

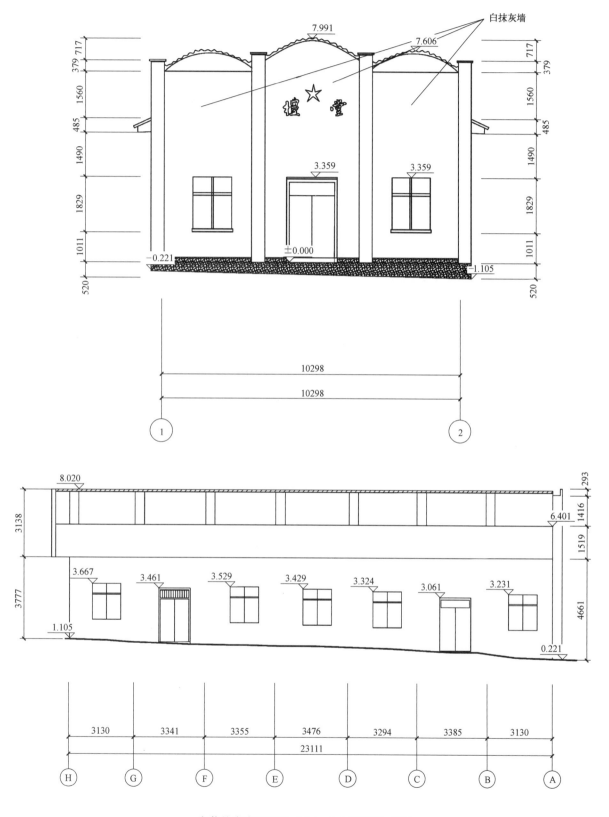

白抹灰墙

檀 ☆ 堂

内蒋礼堂南立面图（上）、1-1 剖面图（下）

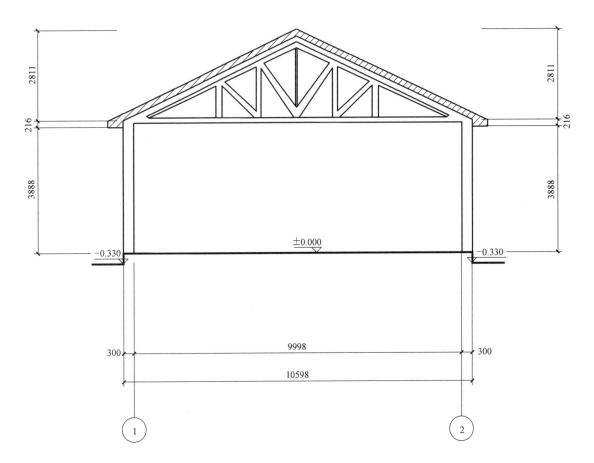

内蒋礼堂 2-2 剖面图

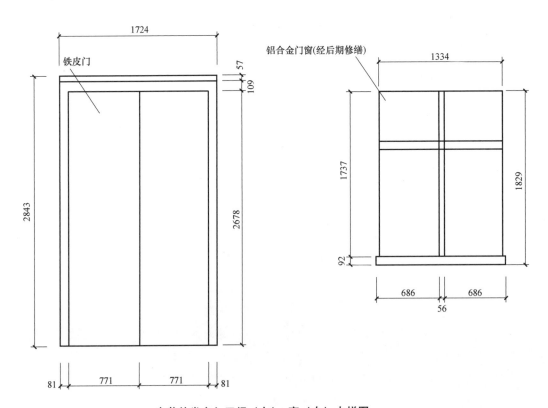

内蒋礼堂主入口门（左）、窗（右）大样图

邬氏宗祠

邬氏宗祠航拍图

　　邬氏宗祠坐落于蛟潭镇外蒋村邬家组，建于清朝乾隆四十一年（公元 1776 年），属徽派建筑风格。为一层砖木结构，内部结构以及屋檐的样式都保存较为完好，为传统祠堂建筑。保护好本地的古宗祠，对于增强民族凝聚力有着积极意义，并且也具有一定的历史考古参考和旅游意义。

邬氏宗祠（一）

邬氏宗祠（二）

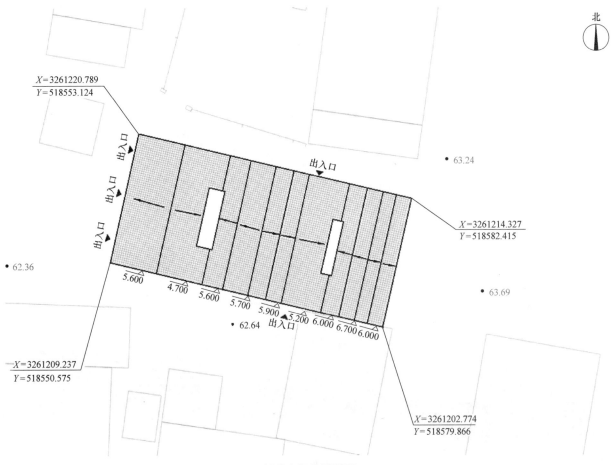

北

X=3261220.789
Y=518553.124

出入口
出入口
出入口
出入口

出入口

• 63.24

X=3261214.327
Y=518582.415

• 62.36

5.600
4.700
5.600
5.700
5.900
5.200
6.000
6.700
6.000

• 63.69

• 62.64
出入口

X=3261209.237
Y=518550.575

X=3261202.774
Y=518579.866

邬氏宗祠总平面图

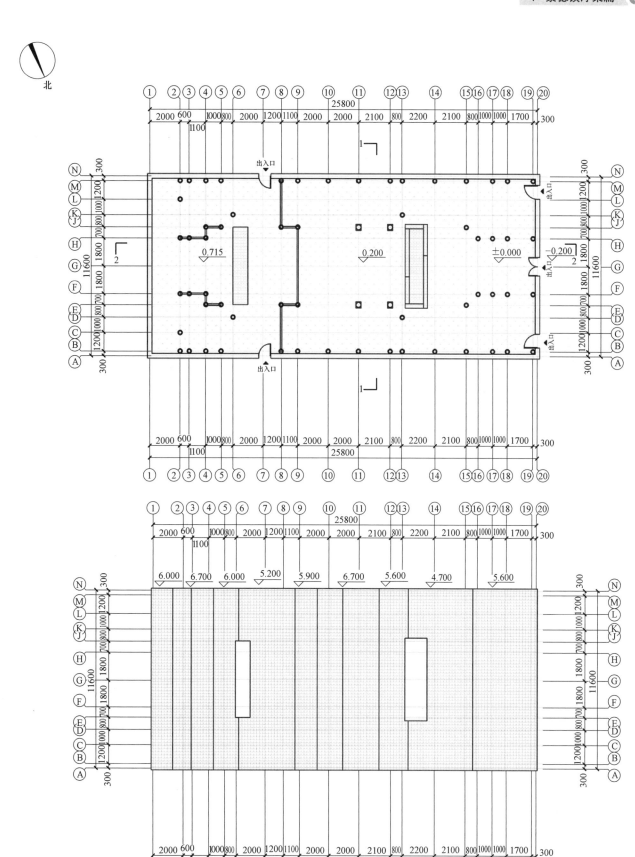

邬氏宗祠平面图（上）、屋顶平面图（下）

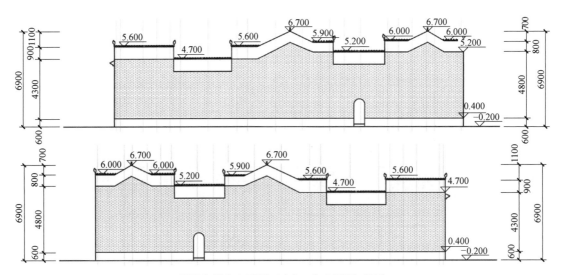

邬氏宗祠南立面图（上）、北立面图（下）

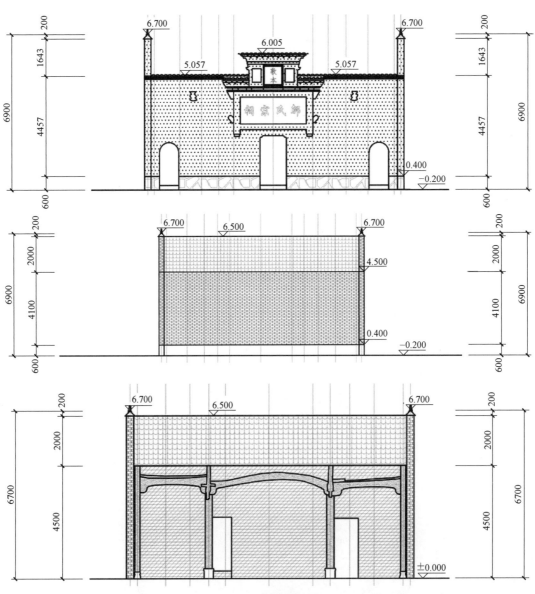

邬氏宗祠西立面图（上）、东立面图（中）、1-1剖面图（下）

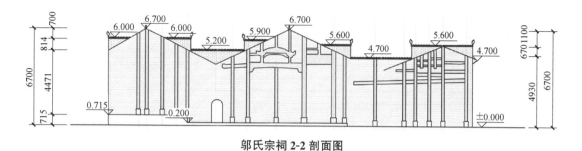

邬氏宗祠 2-2 剖面图

邬氏宗祠主入口匾额大样图

木质门

石质匾额

继述堂

继述堂航拍图

　　继述堂是建于明末的宗祠建筑，整体分为三部分，前为戏台，中为中堂，后为祭堂。继述意思是继承传统，遵循礼数，用它作为祠堂名称，就是希望子孙继承祖先优良家风。建筑为两进院落、形制完整，入口墙面上的弹孔痕迹述说着不凡的历史。

继述堂

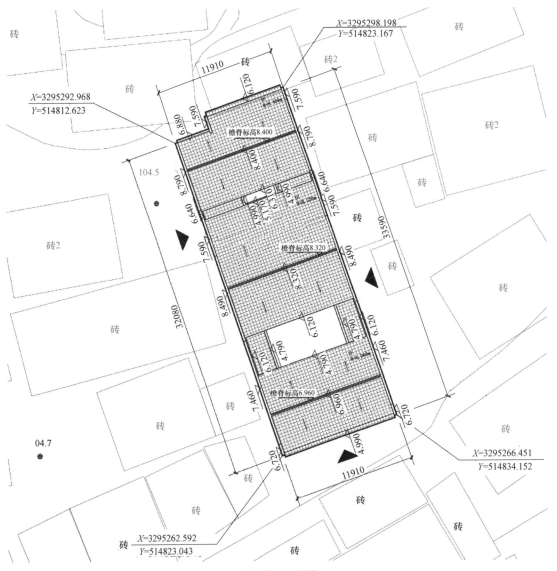

继述堂总平面图

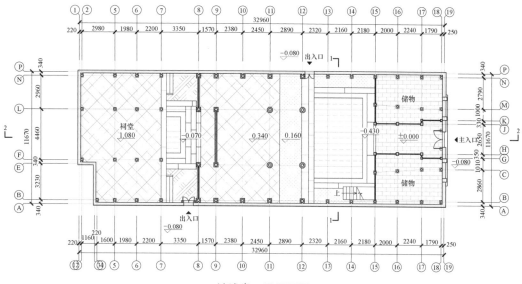

继述堂一层平面图

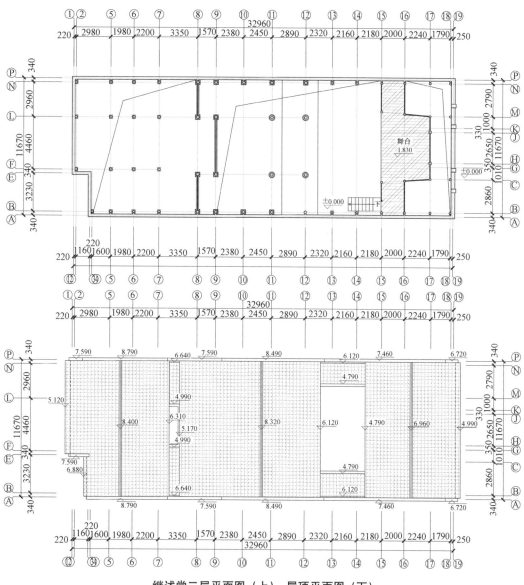

继述堂二层平面图（上）、屋顶平面图（下）

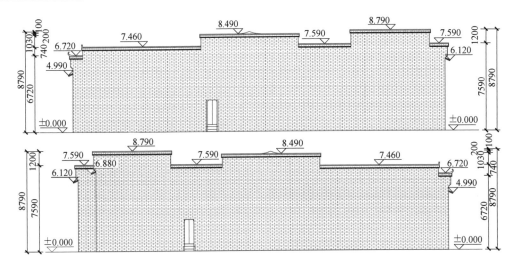

继述堂东立面图（上）、西立面图（下）

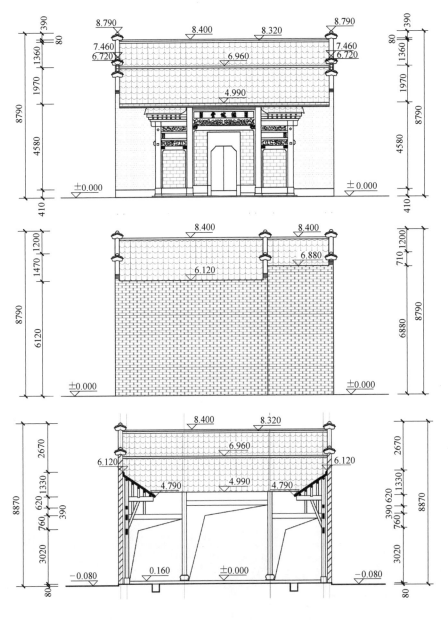

继述堂南立面图（上）、北立面图（中）、1-1 剖面图（下）

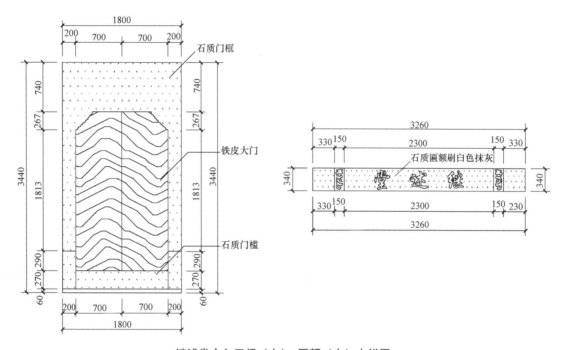

继述堂 2-2 剖面图

继述堂主入口门（左）、匾额（右）大样图

石质门框

铁皮大门

石质门槛

3260

石质匾额刷白色抹灰

堂 述 继

太初堂

太初堂航拍图

　　太初堂属徽派建筑，原建四柱三间五楼牌坊或门楼，装饰挂美砖雕，北面 50m 处建有厚重高大的照墙，祠内分头进、享堂和祖堂三进两院。太初堂规格较高，高大明亮，肃穆庄重，为昌江两岸宗祠建筑中的翘楚之作。该祠 20 世纪 80 年代改建为"群众文化活动中心"。

太初堂

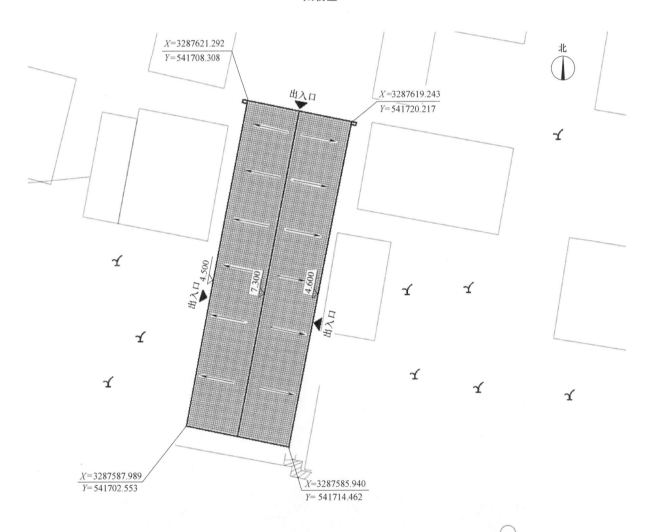

太初堂总平面图

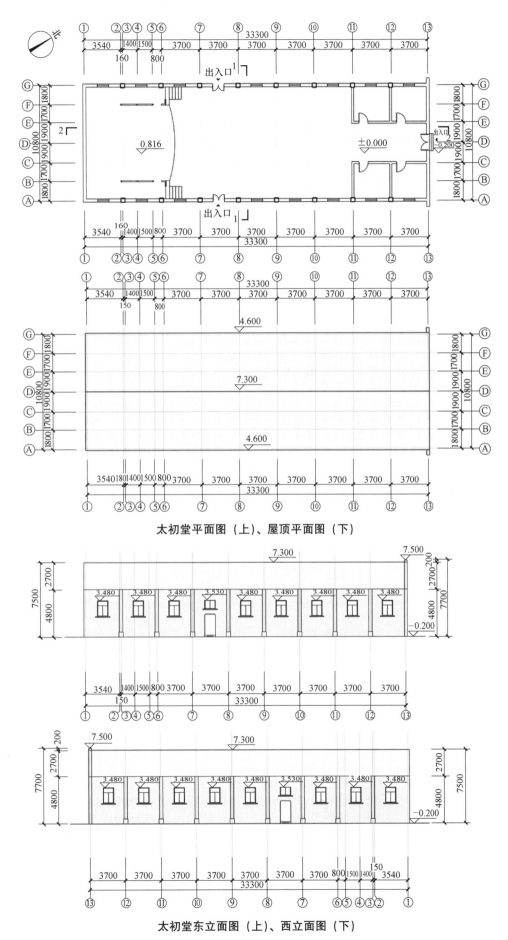

太初堂平面图（上）、屋顶平面图（下）

太初堂东立面图（上）、西立面图（下）

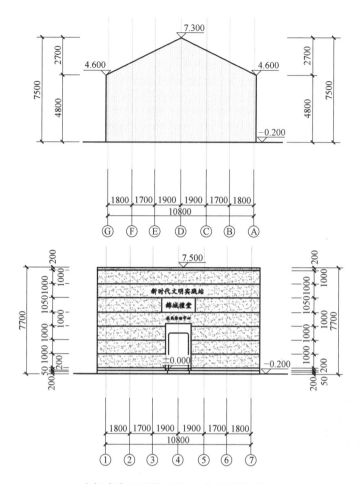

太初堂南立面图（上）、北立面图（下）

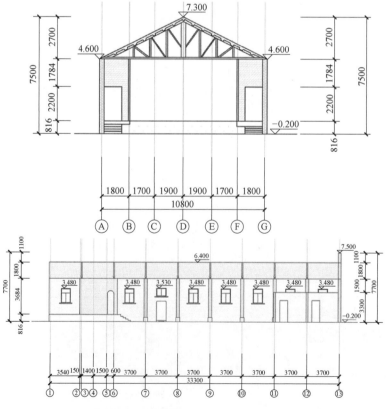

太初堂 1-1 剖面图（上）、2-2 剖面图（下）

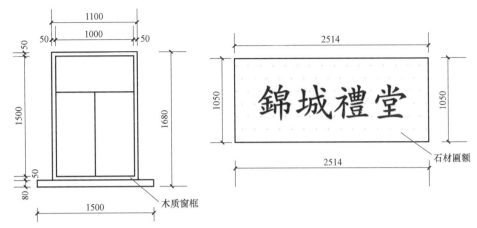

太初堂主入口门（左）、匾额（右）大样图

太和堂

太和堂航拍图

太和堂位于新田乡城门村，系徽式古建筑，是一座始建于明代的祠堂建筑，面积达 300m² 。该祠堂由照壁、门罩、前厅、天井、中堂、后天井、祭堂七部分组成。门罩砖雕采用深浮雕手法，手法细腻精致，雕刻人物、动物纹样，形象逼真、栩栩如生。大门上安嵌青石门贴，牌楼式门楼顶层，正中是青龙盘绕下的"恩荣"竖匾，下方是鲤鱼跳龙门砖雕。太和堂头进因受地基限制仅建明间，享堂为五开间九檩，寝堂为单坡明间。

太和堂

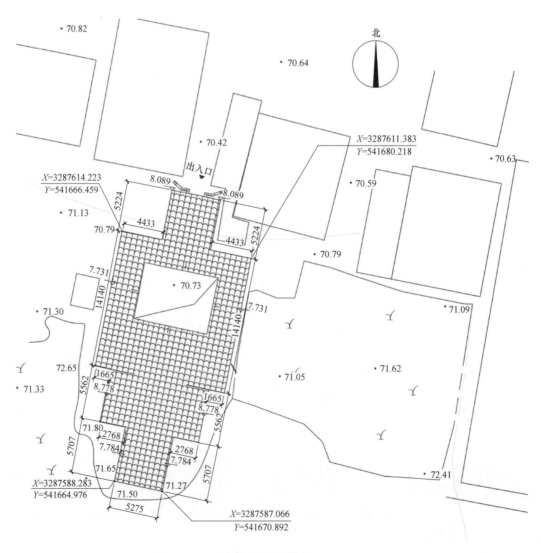

太和堂总平面图

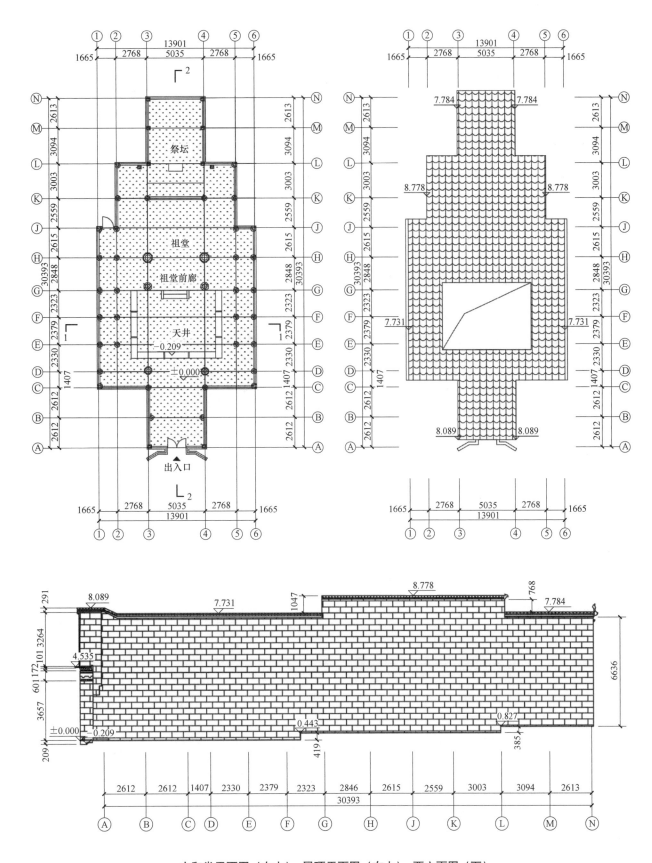

太和堂平面图（左上）、屋顶平面图（右上）、西立面图（下）

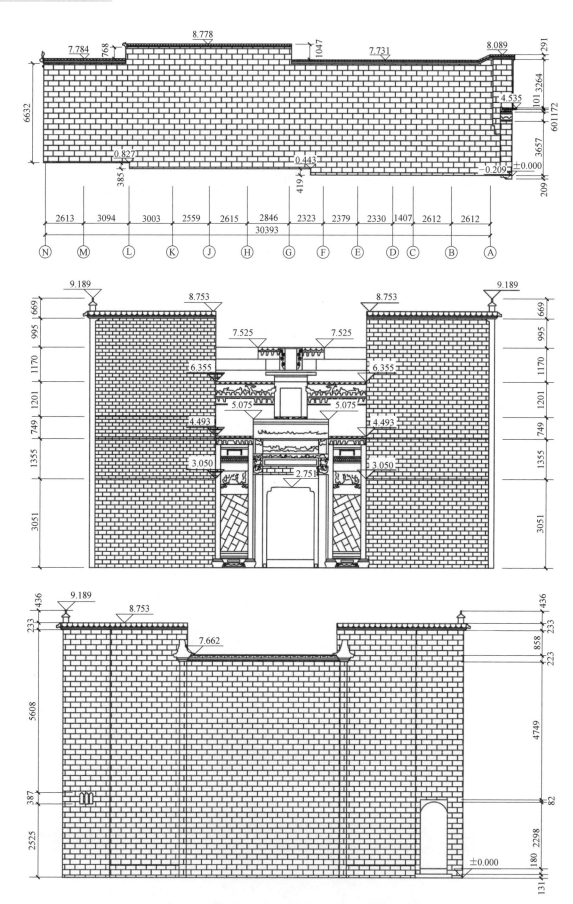

太和堂东立面图（上）、北立面图（中）、南立面图（下）

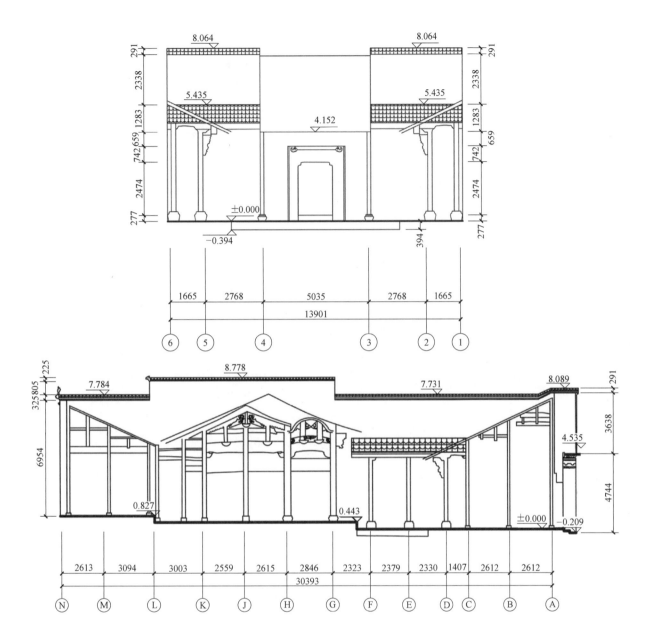

太和堂 1-1 剖面图（上）、2-2 剖面图（下）

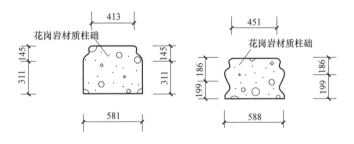

太和堂柱础大样图

臧湾大夫第

臧湾大夫第航拍图

臧湾大夫第位于浮梁县臧湾村李家塘小组，为大夫臧紫敬之屋，是一座建于清朝同治年间的建筑。门罩上挂着同治皇帝御赐的金字匾"大夫第"，并署有同治六年的确切纪年款。该建筑为研究清末建筑艺术提供了重要参考资料。

臧湾大夫第（一）

臧湾大夫第（二）

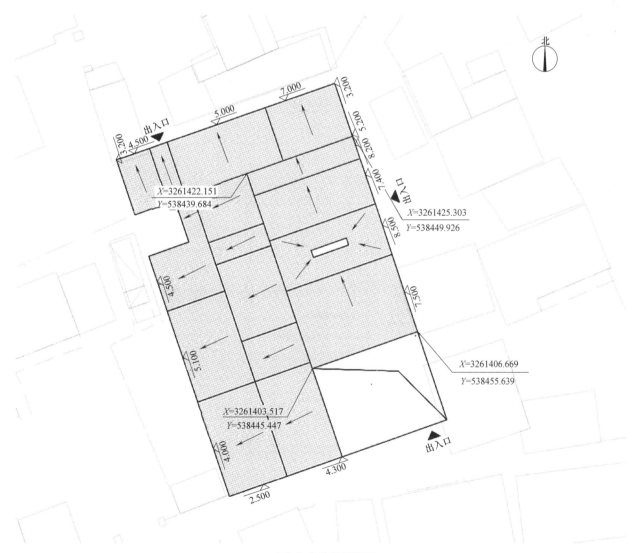

臧湾大夫第总平面图

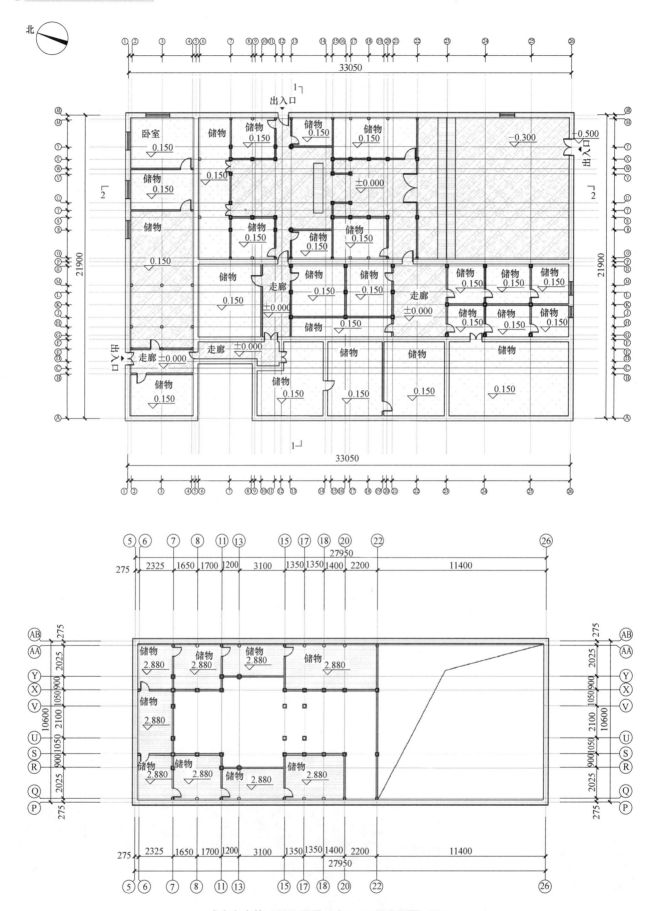

臧湾大夫第一层平面图（上）、二层平面图（下）

北

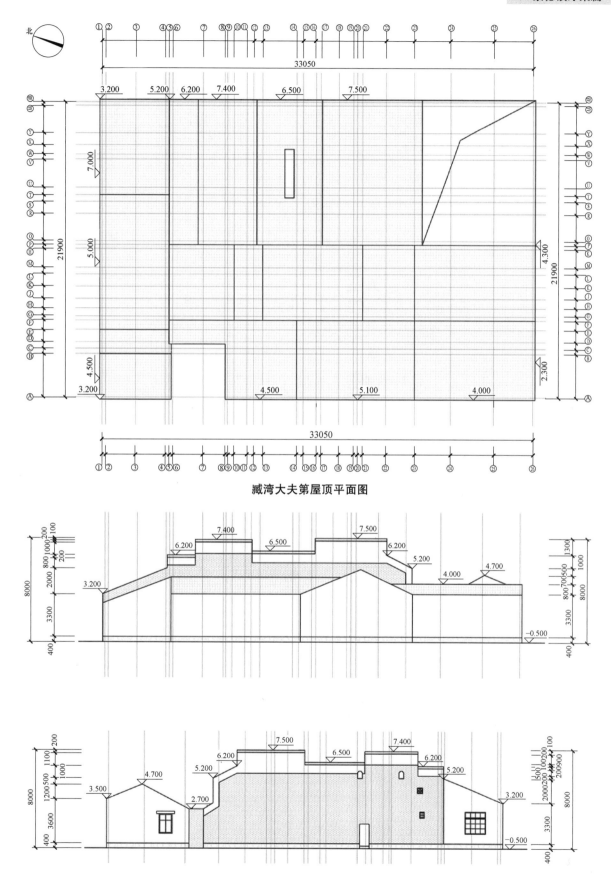

臧湾大夫第屋顶平面图

臧湾大夫第南立面图（上）、北立面图（下）

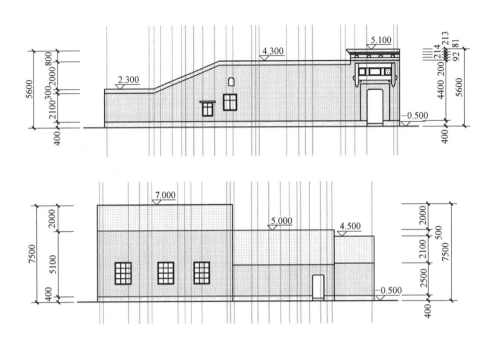

臧湾大夫第东立面图（上）、西立面图（下）

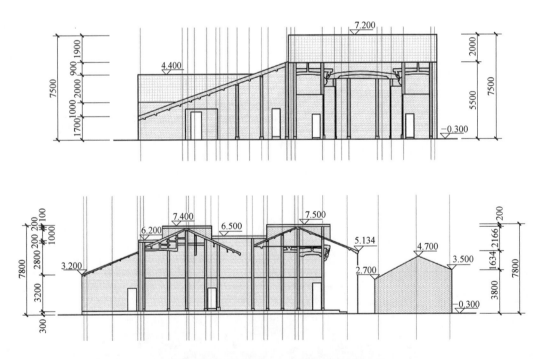

臧湾大夫第1-1剖面图（上）、2-2剖面图（下）

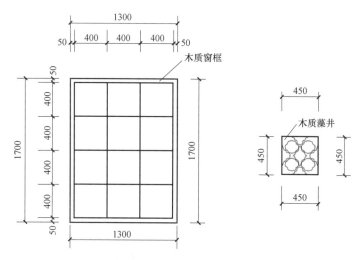

臧湾大夫第窗户（左）、藻井（右）大样图

1.3 传统民居

胡顺民宅

胡顺民宅航拍图

胡顺民宅地处江西省景德镇市浮梁县蛟潭镇胡宅村，始建于清朝，建筑为二层砖木结构，双坡青瓦顶，内部结构存在一定破损，为传统民居建筑，具有一定的研究参考价值。

胡顺民宅

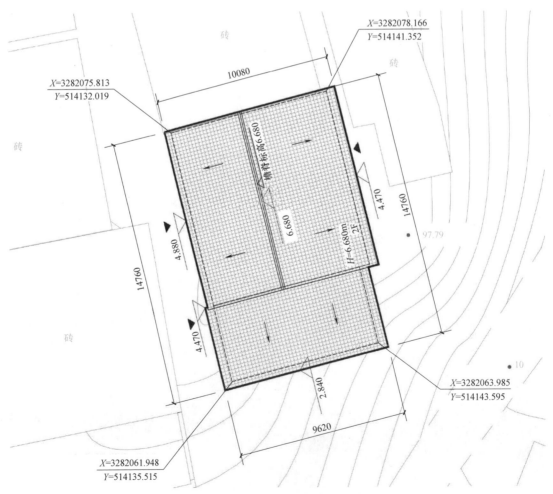

胡顺民宅总平面图

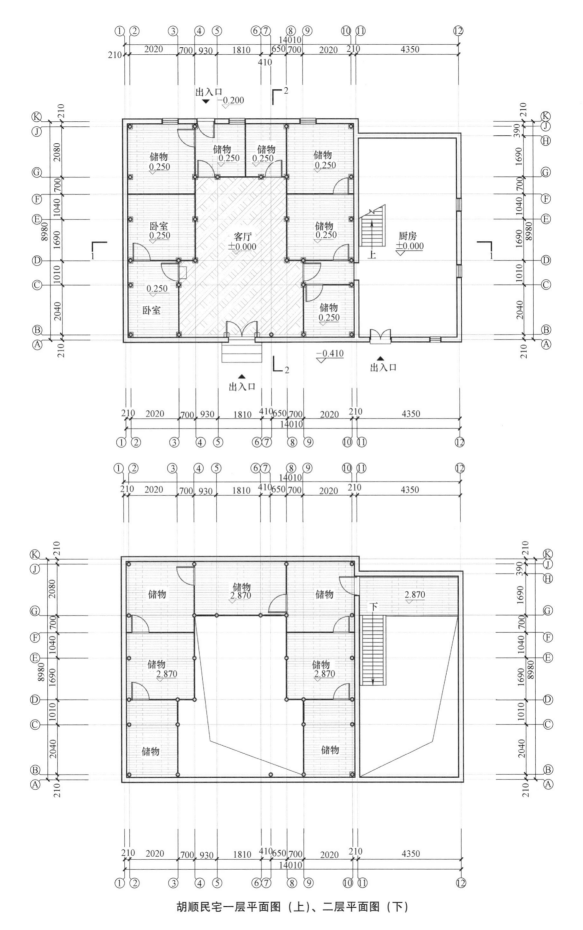

胡顺民宅一层平面图（上）、二层平面图（下）

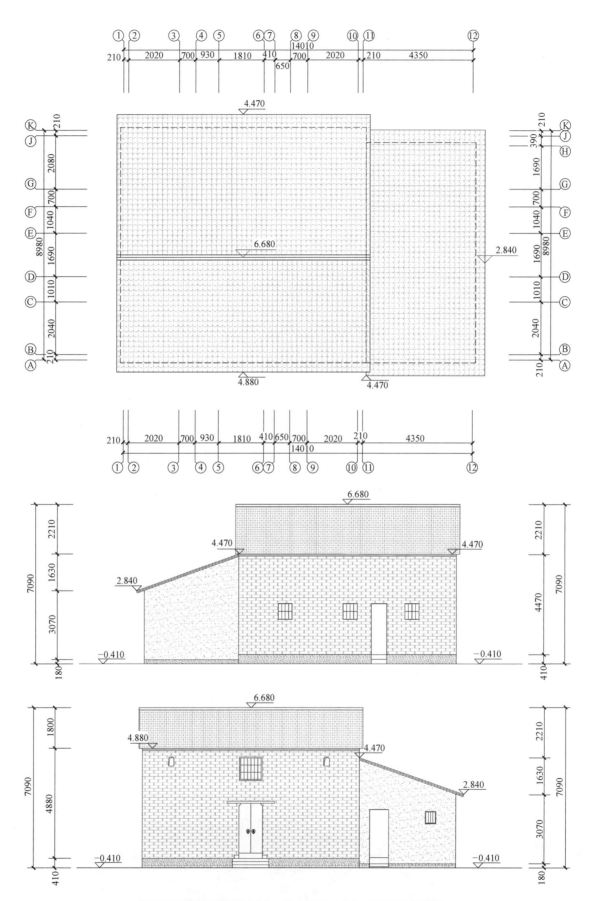

胡顺民宅屋顶平面图（上）、东立面图（中）、西立面图（下）

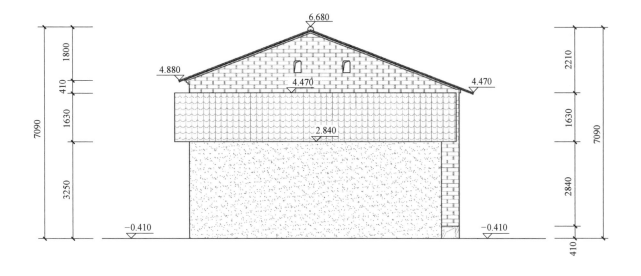

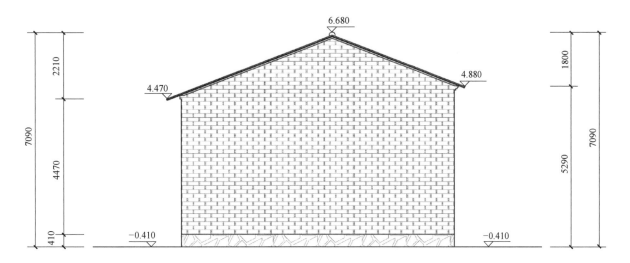

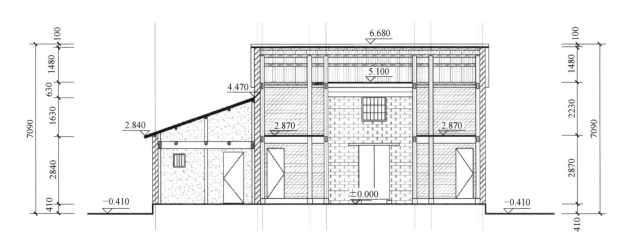

胡顺民宅南立面图（上）、北立面图（中）、1-1 剖面图（下）

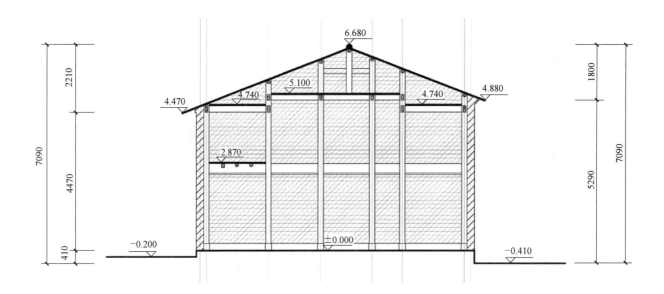

胡顺民宅 2-2 剖面图

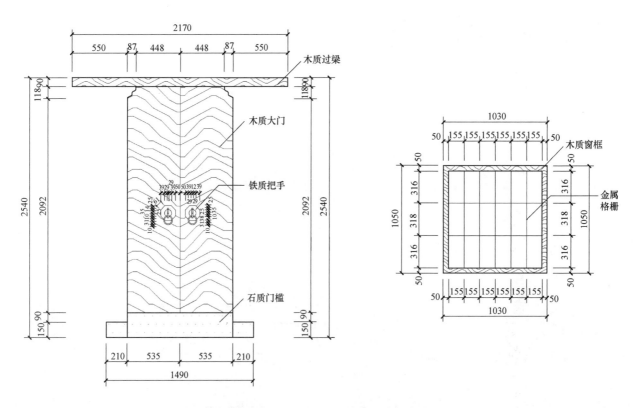

胡顺民宅主入口门（左）、窗（右）大样图

章德春宅

章德春宅航拍图

　　章德春宅位于蛟潭镇胡宅村，建于清朝，面积约 176m²。房屋临街，偏南朝向，南面开窗，采光条件良好。房屋为二层砖木结构，屋内对称布置门窗。青砖外墙，坡屋顶，南面墙体高于屋顶。屋前设有水沟便于生活排水。房屋整体结构目前保存完好，其建筑风格是当地古代居民建筑的典型代表。

章德春宅

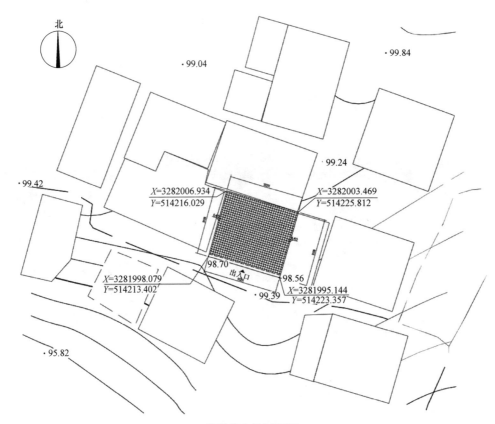

北

·99.04   ·99.84

·99.42   99.24

X=3282006.934   X=3282003.469
Y=514216.029   Y=514225.812

98.70   98.56
出入口   X=3281995.144
X=3281998.079   Y=514223.357
Y=514213.402   ·99.39

·95.82

章德春宅总平面图

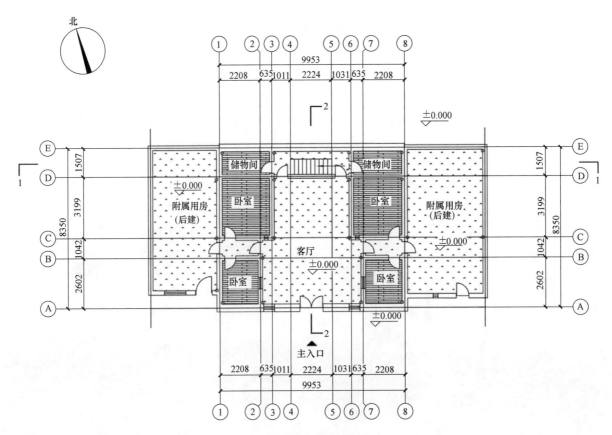

北

±0.000

储物间   储物间

卧室   ←→   卧室

附属用房   附属用房
（后建）   （后建）
±0.000   ±0.000

客厅
±0.000
卧室   卧室

±0.000

主入口

章德春宅一层平面图

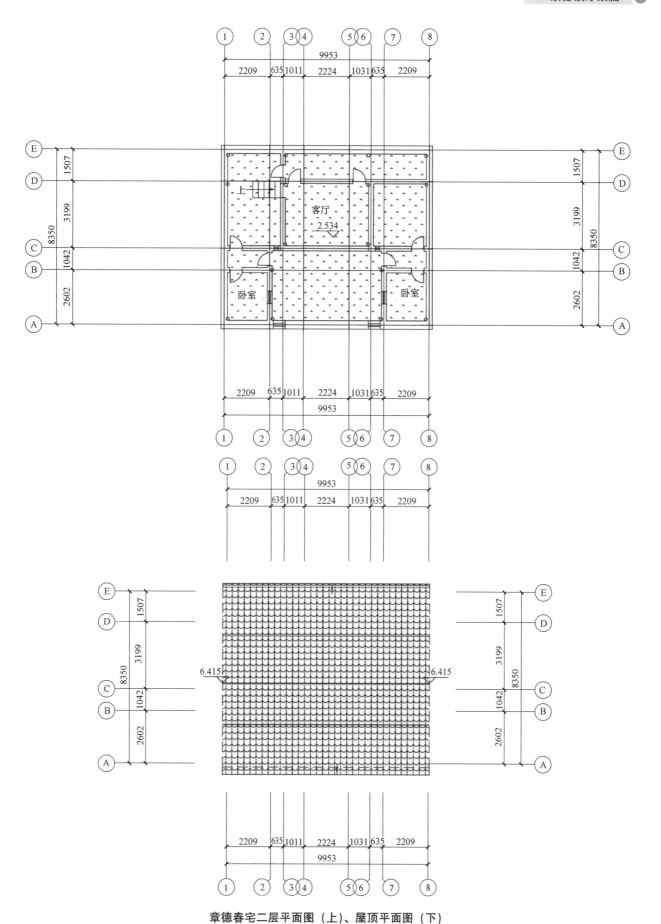

章德春宅二层平面图（上）、屋顶平面图（下）

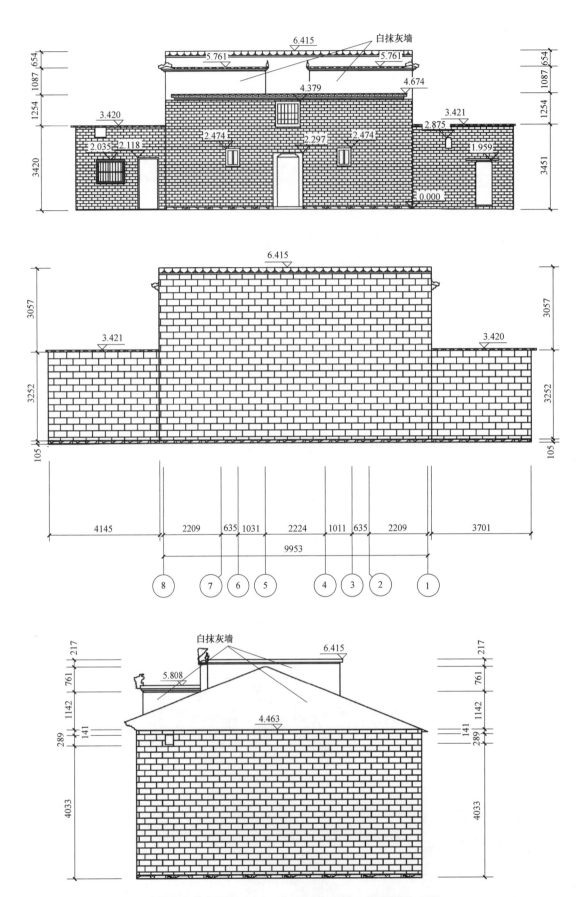

章德春宅南立面图（上）、北立面图（中）、东立面图（下）

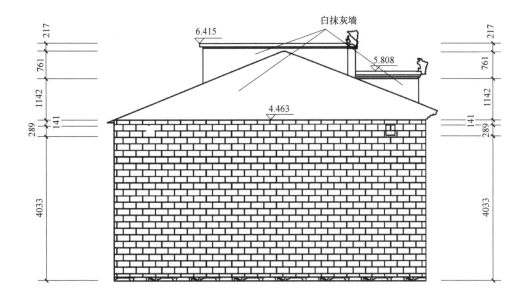

白抹灰墙

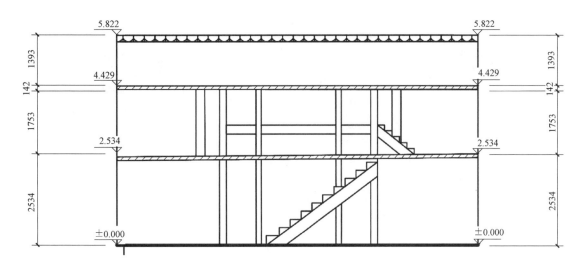

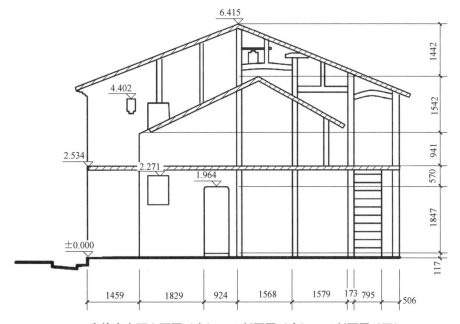

章德春宅西立面图（上）、1-1 剖面图（中）、2-2 剖面图（下）

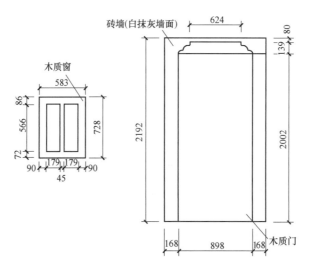

章德春宅主入口窗（左）、大门（右）大样图

胡水荣宅

胡水荣宅航拍图

胡水荣宅为1930—1934年革命战争年代开展地下组织革命活动会址，二层砖木结构，双坡青瓦顶，内部结构保存良好，且后用于民居，为传统民居建筑。保护好该民居对于保护中华民族的悠久历史文化积淀起到一定的促进作用。

胡水荣宅

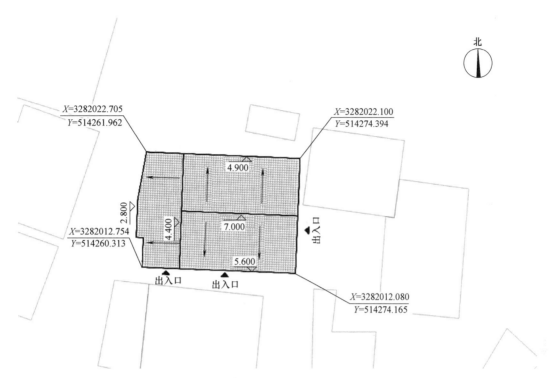

北

X=3282022.705
Y=514261.962

X=3282022.100
Y=514274.394

4.900

2.800

4.400

7.000

出入口

X=3282012.754
Y=514260.313

5.600

出入口   出入口

X=3282012.080
Y=514274.165

胡水荣宅总平面图

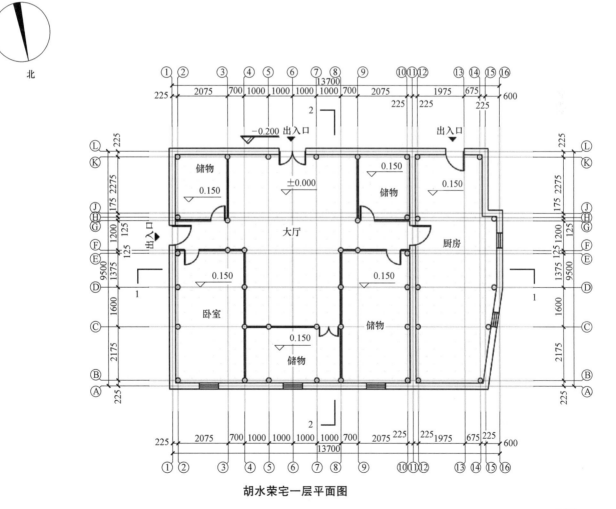

北

胡水荣宅一层平面图

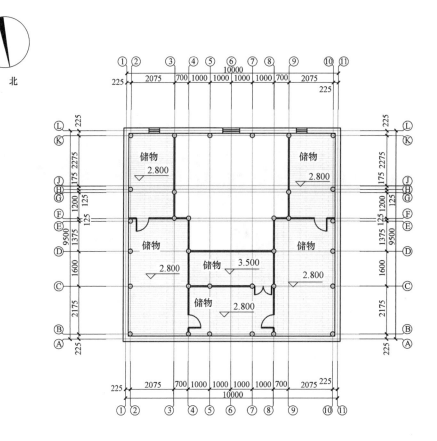

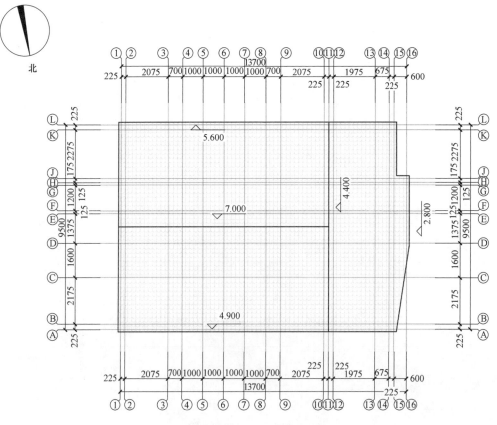

胡水荣宅二层平面图（上）、屋顶平面图（下）

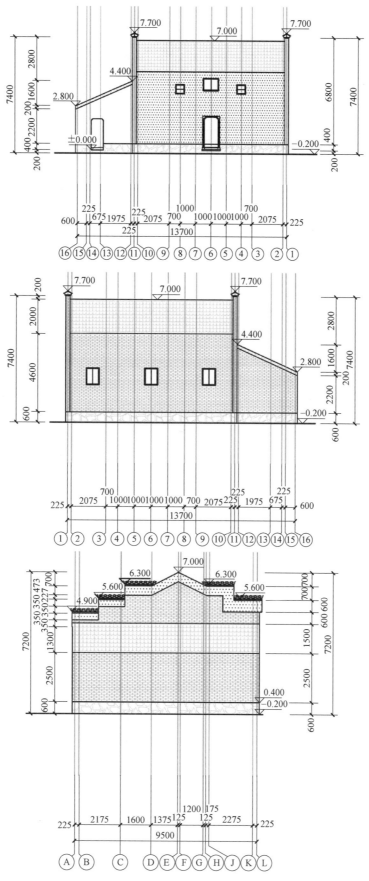

胡水荣宅北立面图（上）、南立面图（中）、东立面图（下）

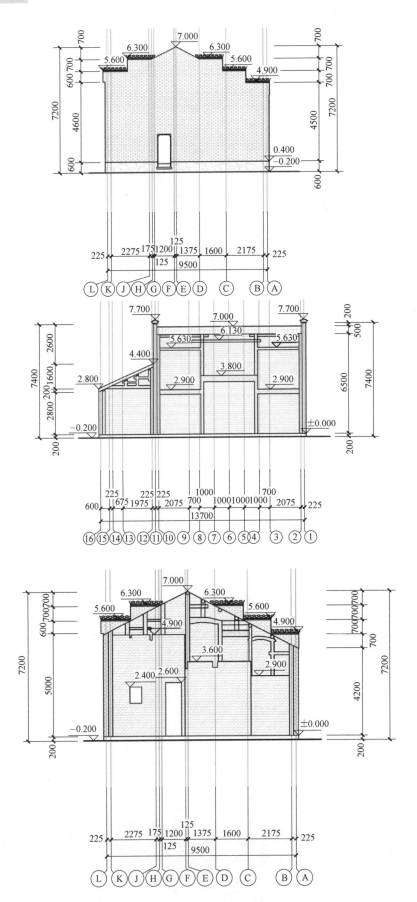

胡水荣宅西立面图（上）、1-1剖面图（中）、2-2剖面图（下）

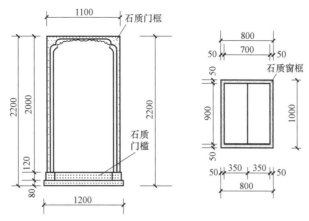

胡水荣宅主入口门（左）、窗（右）大样图

胡安民宅

胡安民宅航拍图

　　胡安民宅位于蛟潭镇胡宅村，建于清朝，面积约 $100m^2$。房屋为砖木结构，坡屋顶，门窗雕刻精细。屋内空间布置成对称分布，设有天井。南面墙面两边高于屋顶，房屋西侧后期加建附属用房，延续主屋建筑结构，目前保存尚好。

胡安民宅

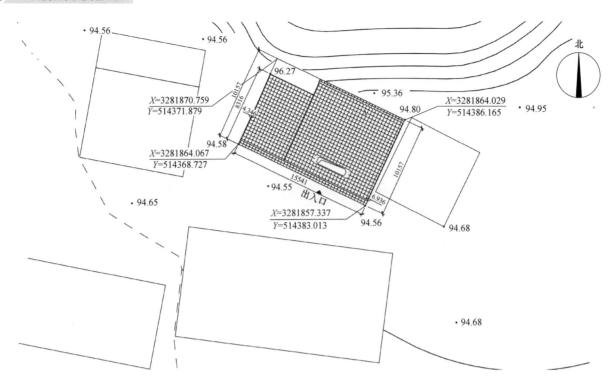

胡安民宅总平面图

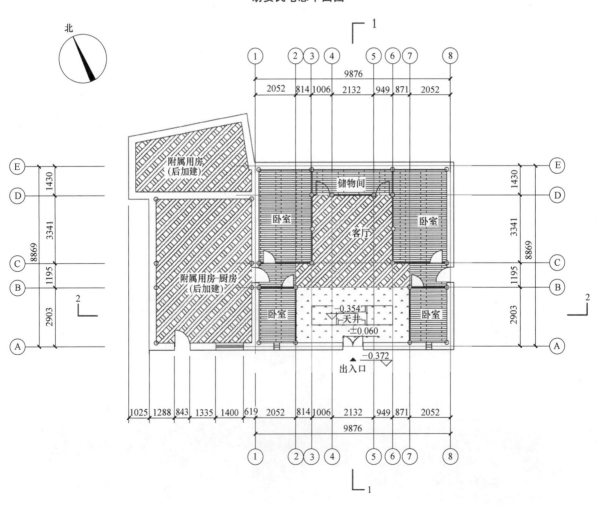

胡安民宅一层平面图

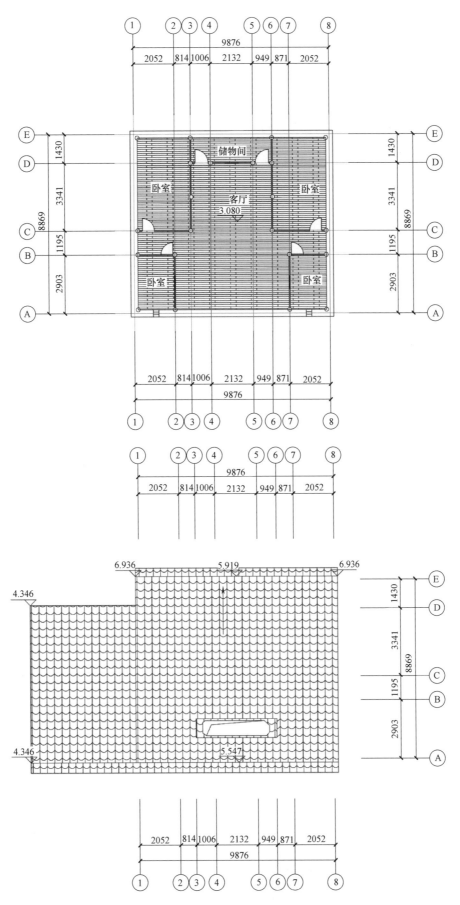

胡安民宅二层平面图（上）、屋顶平面图（下）

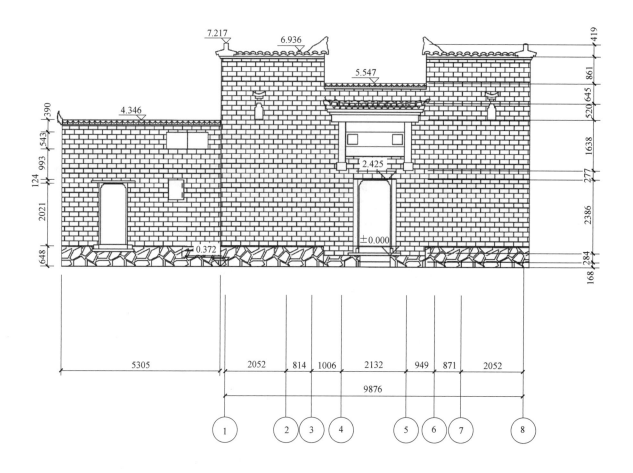

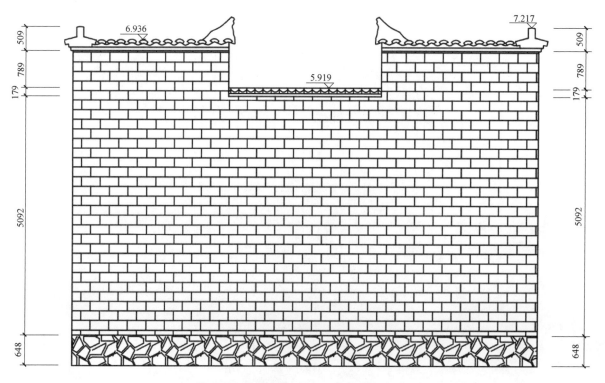

胡安民宅南立面图（上）、北立面图（下）

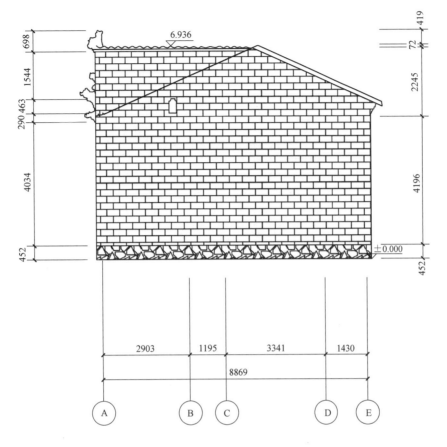

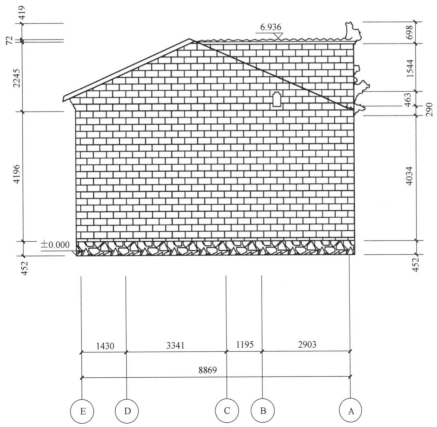

胡安民宅北立面图（上）、东立面图（下）

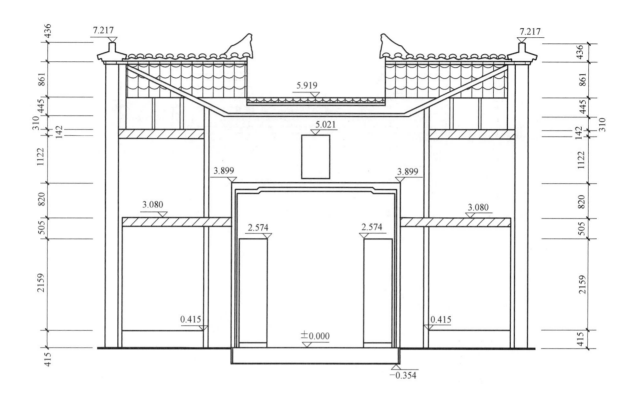

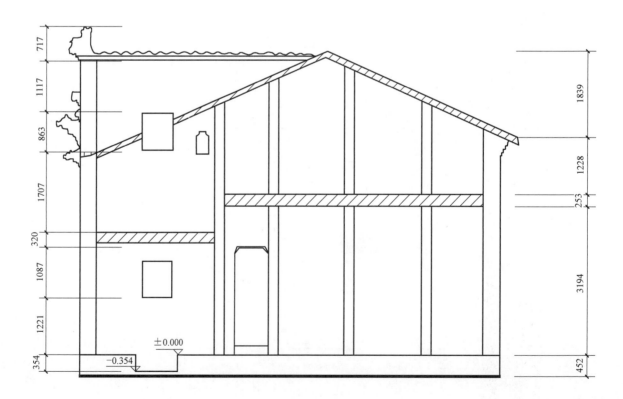

胡安民宅 1-1 剖面图（上）、2-2 剖面图（下）

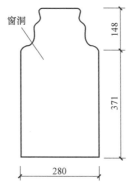

窗洞

胡安民宅窗洞大样图

蔡德文宅

蔡德文宅航拍图

　　蔡德文宅始建于清朝，建筑为二层砖木结构，双坡青瓦顶，内部结构保存良好，建造之初为学堂建筑之用，后来改作民居，现已闲置，仅作仓储之用，仍具有一定的研究参考意义和旅游价值。

蔡德文宅

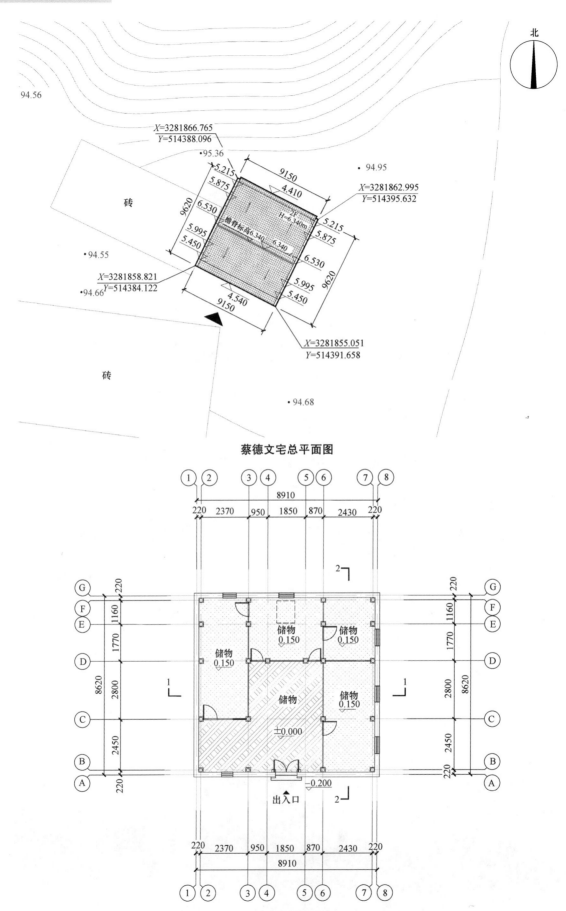

蔡德文宅总平面图

蔡德文宅一层平面图

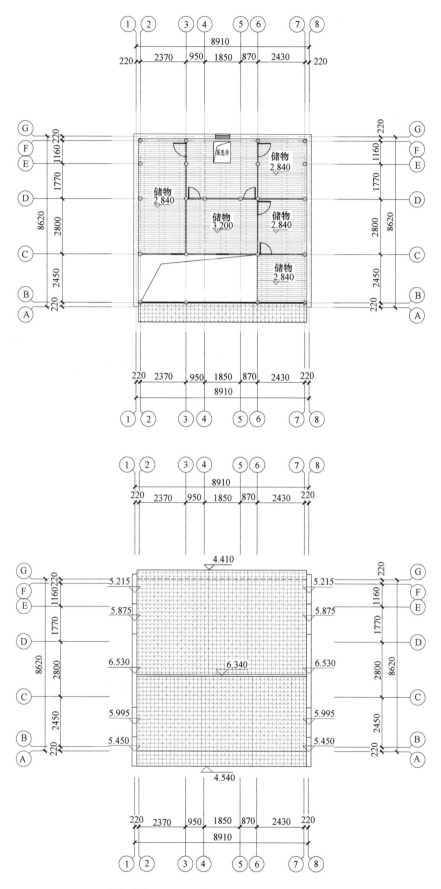

蔡德文宅二层平面图（上）、屋顶平面图（下）

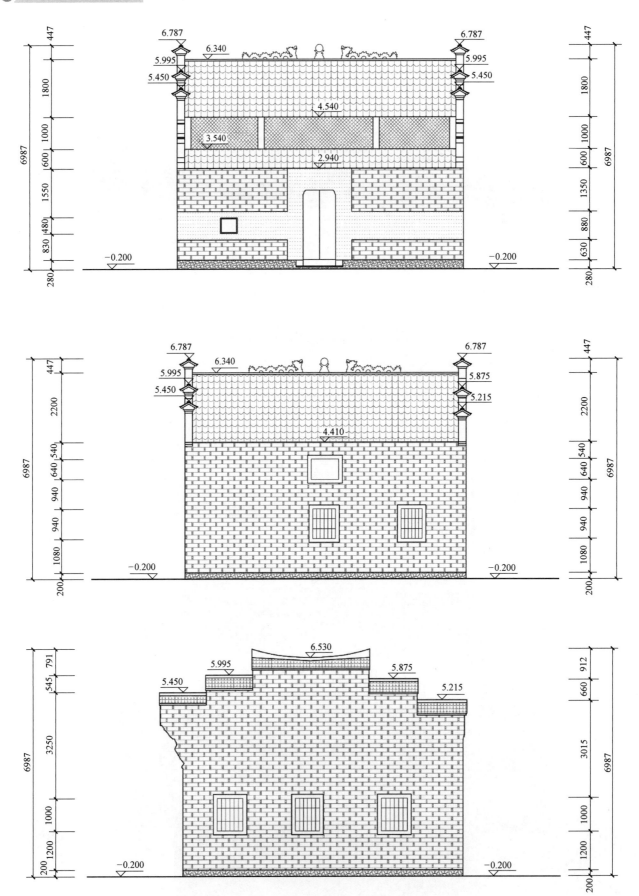

蔡德文宅南立面图（上）、北立面图（中）、东立面图（下）

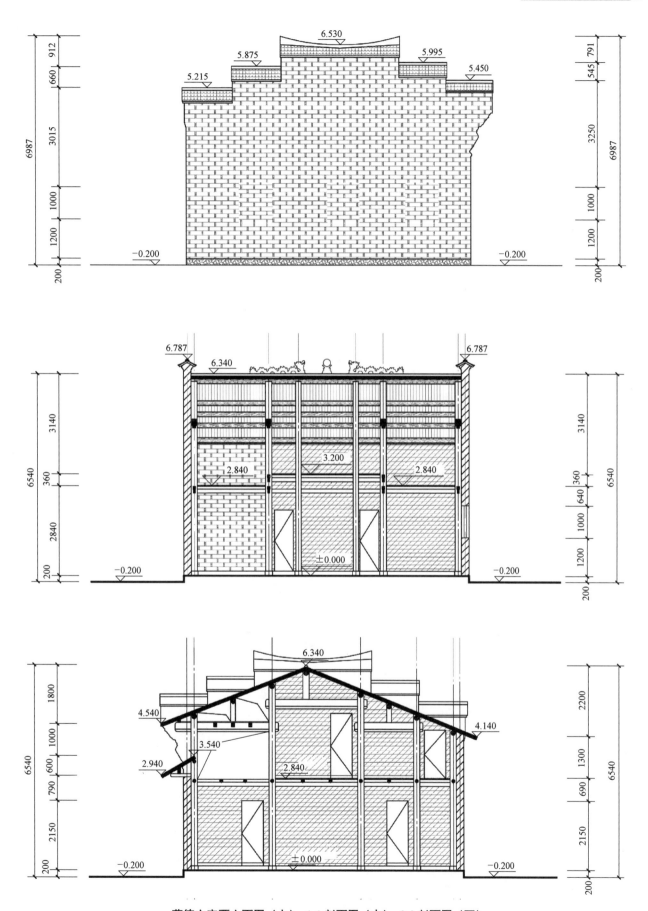

蔡德文宅西立面图（上）、1-1 剖面图（中）、2-2 剖面图（下）

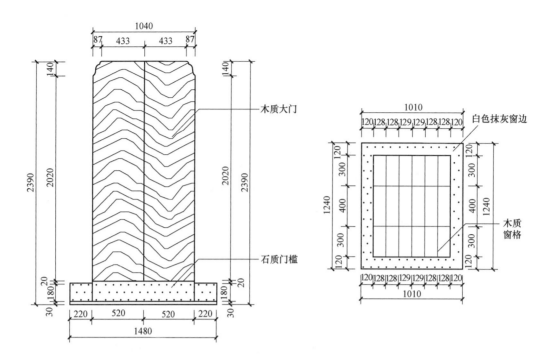

蔡德文宅主入口门（左）、窗（右）大样图

胡保钱宅

胡保钱宅航拍图

　　胡保钱宅建于清朝，坐落于蛟潭镇胡宅村，1930—1934 年革命战争年代曾在此开展地下组织革命活动。其风格为徽派建筑，外墙的石雕、内部的木雕善于处理原材料本色，既能溶化在建筑物整体之中，又能像水墨画一样，清新淡雅，特别是木雕艺术，更为古色古香的建筑锦上添花。

胡保钱宅

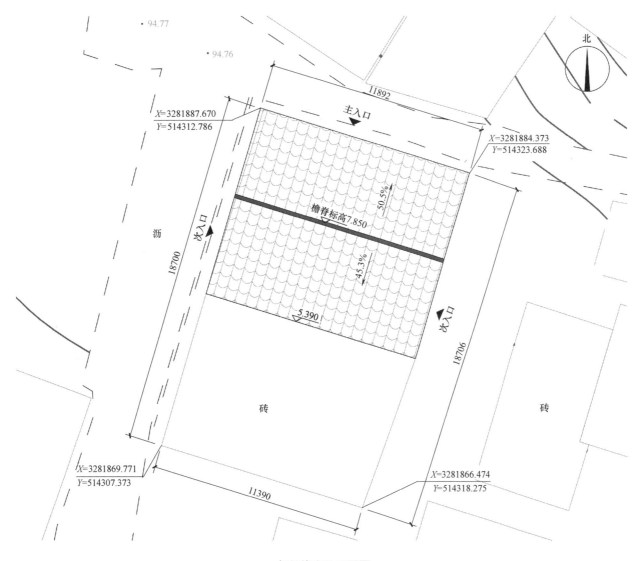

胡保钱宅总平面图

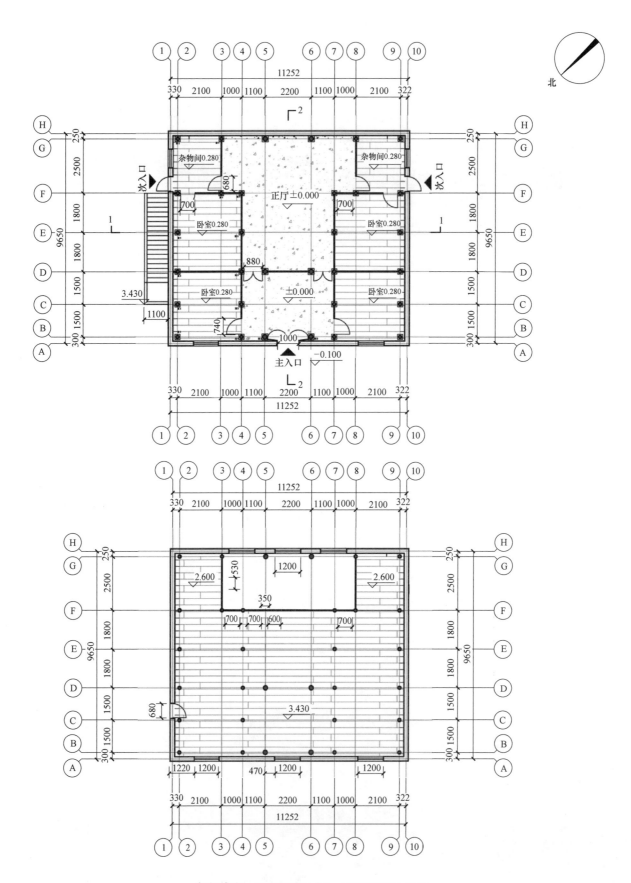

胡保钱宅一层平面图（上）、二层平面图（下）

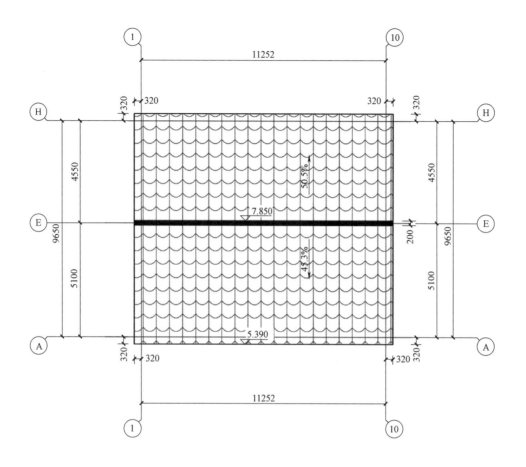

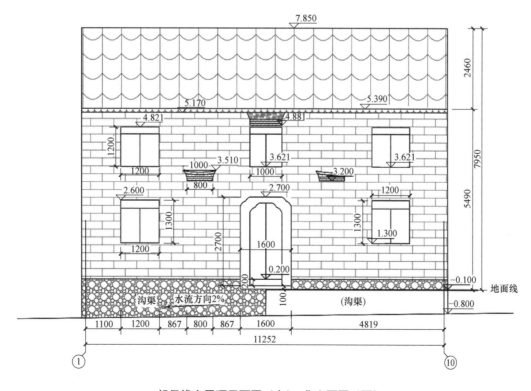

胡保钱宅屋顶平面图（上）、北立面图（下）

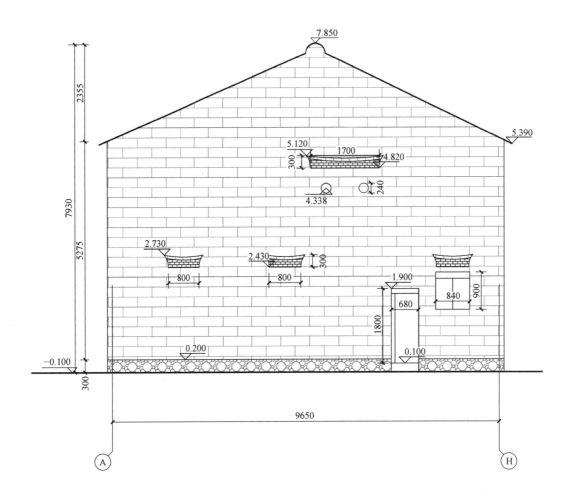

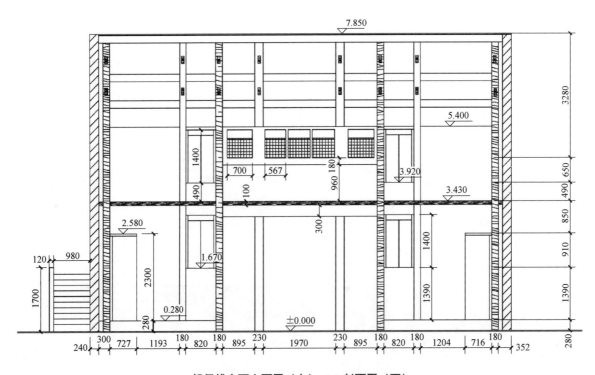

胡保钱宅西立面图（上）、1-1 剖面图（下）

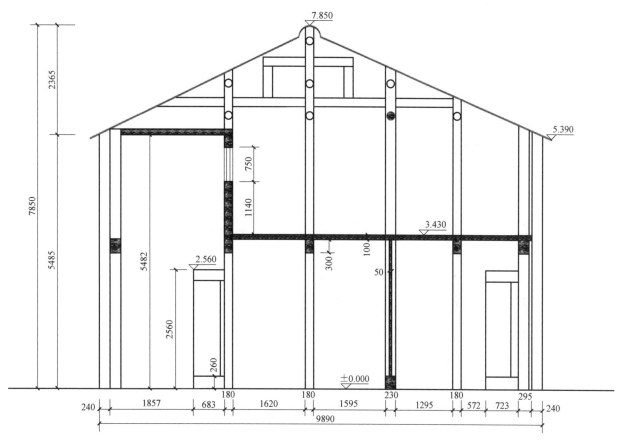

胡保钱宅 2-2 剖面图

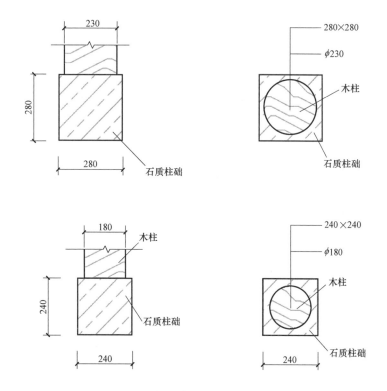

胡保钱宅柱础大样图

1.4 楼坊桥井

"御赐俸禄" 坊及门楼

"御赐俸禄" 坊及门楼航拍图

　　"御赐俸禄" 门楼是英溪街的主要出入口，既是一条主街界址，又是这条街的护门，也是进出这条街的标志。古代规定：五户一保，五保一里，城乡居民必须以里为集居基本单位，而且同一里的居民住户，在唯一共同出入口建立门氏建筑，其名为 "里门" "闾门" 或 "坊门"。因金达带着朝廷俸禄告老还乡，于是将题为 "御赐俸禄" 匾额挂在门楼上。

"御赐俸禄"坊及门楼

"御赐俸禄"坊及门楼总平面图

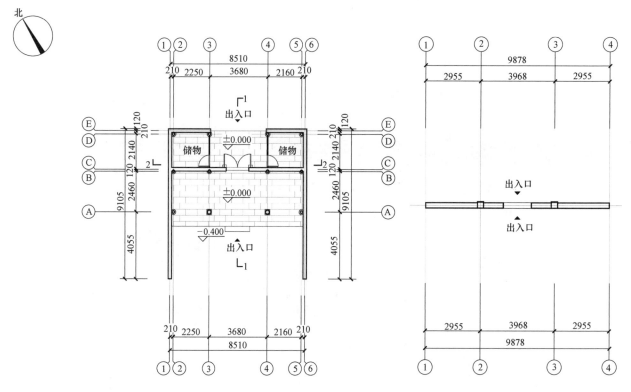

"御赐俸禄"坊及门楼平面图

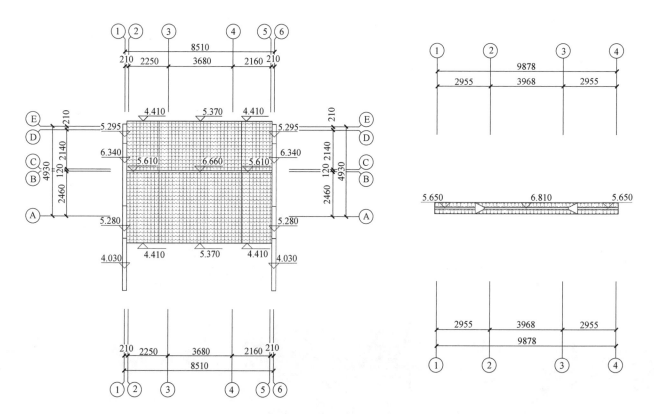

"御赐俸禄"坊及门楼屋顶平面图

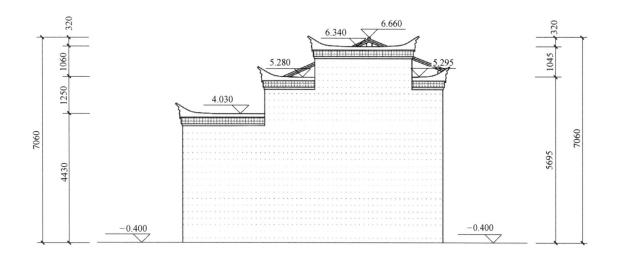

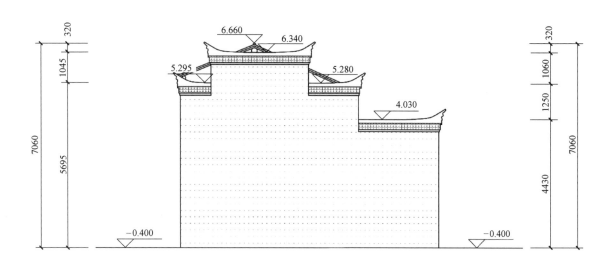

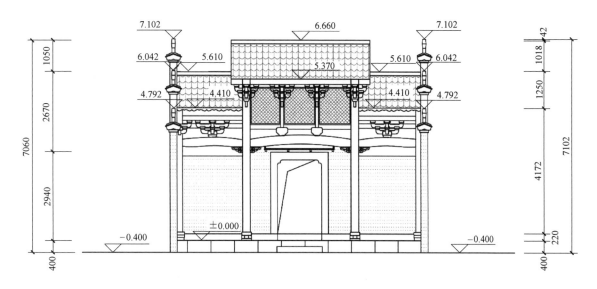

御赐俸禄坊东立面图（上）、西立面图（中）、南立面图（下）

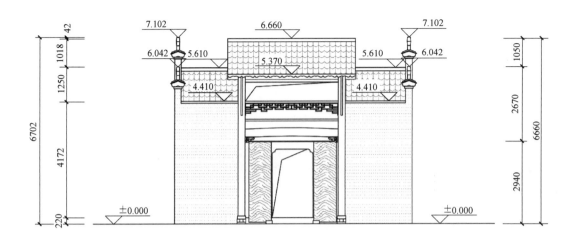

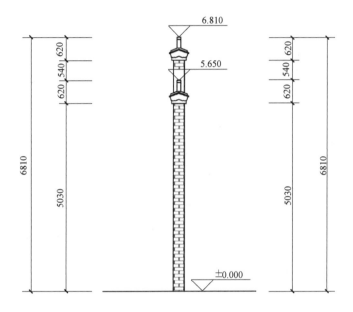

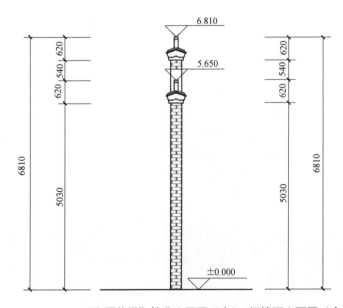

"御赐俸禄"坊北立面图（上）、门楼西立面图（中）、东立面图（下）

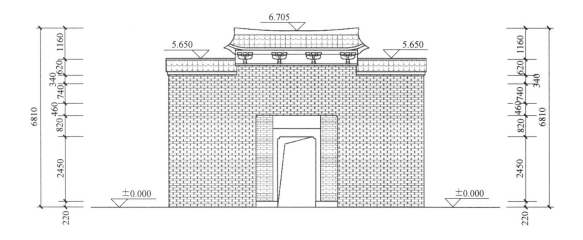

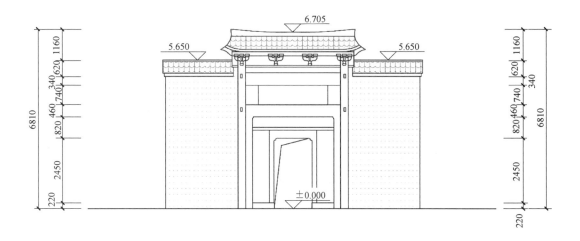

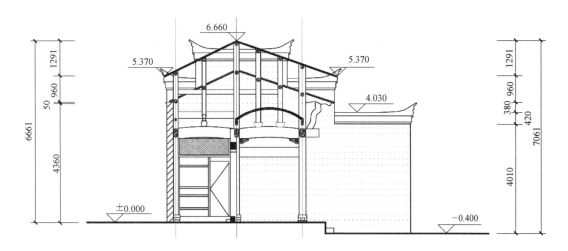

门楼北立面图（上）、南立面图（中）、"御赐俸禄"坊1-1剖面图（下）

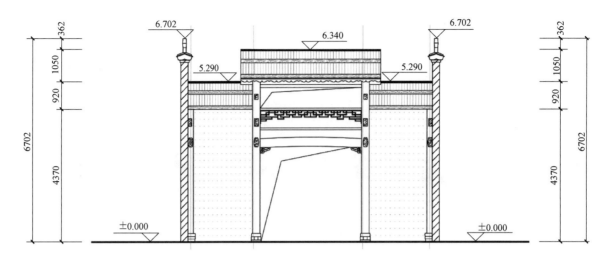

"御赐俸禄"坊 2-2 剖面图

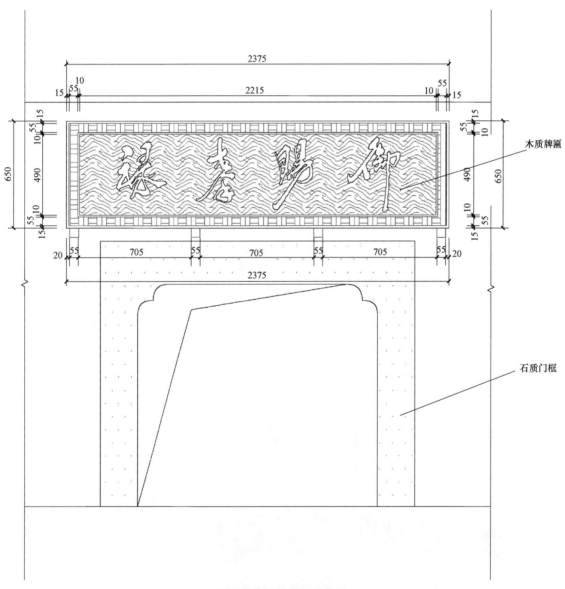

"御赐俸禄"坊匾额大样图

七星桥

七星桥航拍图

　　在英溪村口一处古树参天的密林里，有一座古老巍峨的石拱桥。桥头有曲折分布的六座山峰，经该桥北一峰相连、一气呵成呈北斗七星状，故称七星桥。七星桥是旧时英溪村民出入的咽喉，据关守扼，位置显要，成为全村的"水口"。这里的优美自然风光与村中人文景观构成了彼此和谐的有机整体，既美观实用，不失为英溪村"星桥逐步"的美景。

七星桥（一）

七星桥（二）

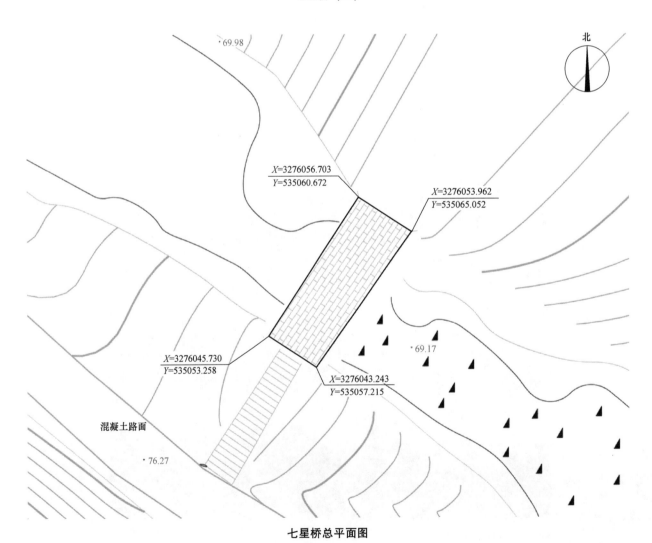

七星桥总平面图

北

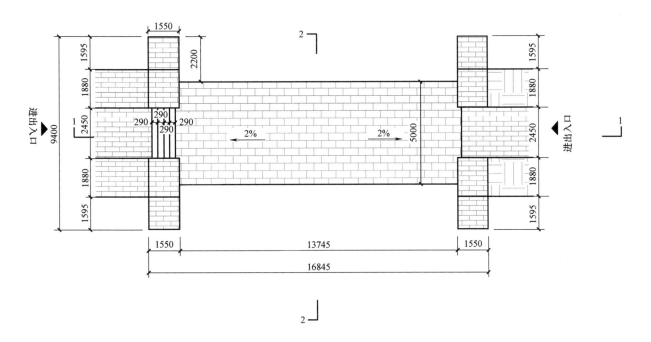

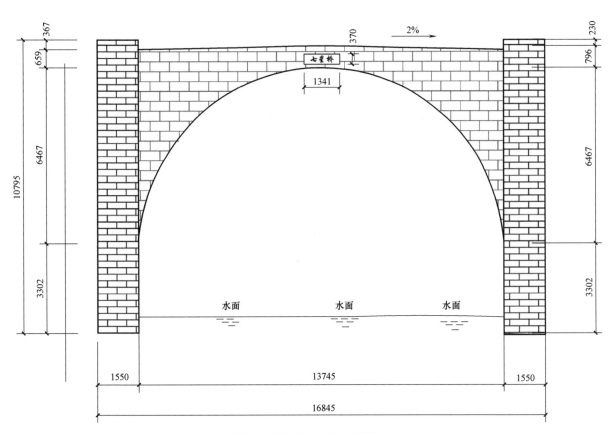

七星桥平面图（上）、东立面图（下）

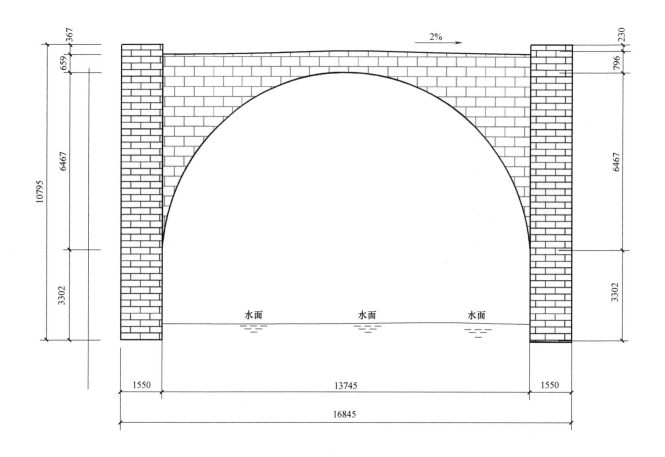

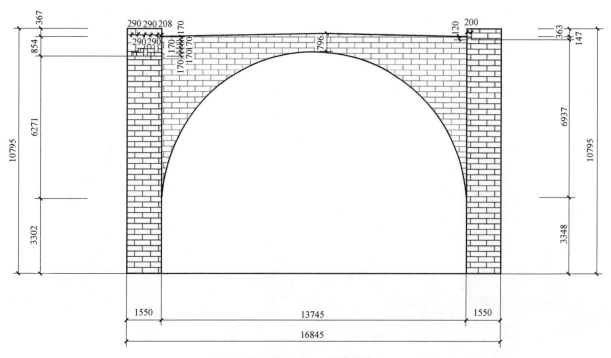

七星桥西立面图（上）、1-1 剖面图（下）

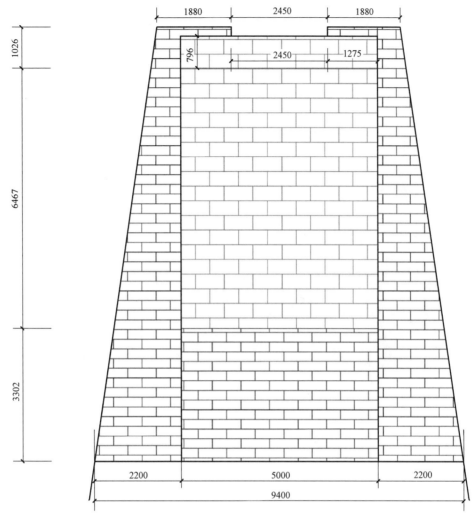

七星桥 2-2 剖面图

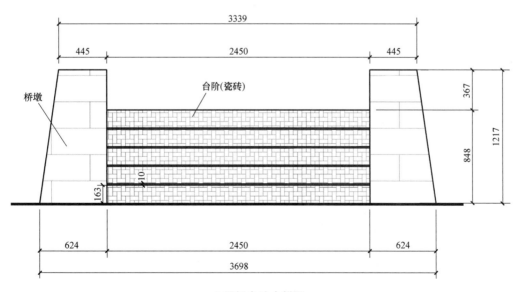

七星桥台阶大样图

珠联璧合桥

珠联璧合桥航拍图

珠联璧合桥位于峙滩镇英溪村的东面，该桥始建于明朝隆庆年间（公元 1567—1572 年），由"珠联""璧合"两座相连的古桥构成，古桥单跨，整座桥面桥体由青砖卵石砌筑，桥体简朴，无护栏，明代风格，体现古代建筑的巧妙工艺。"联珠合璧七星桥，国学师牌今犹在。梅花三溪诗三百，大器晚成探花郎。"此句正是对英溪村自然景色与人文风光的赞美。

珠联璧合桥（一）

珠联璧合桥（二）

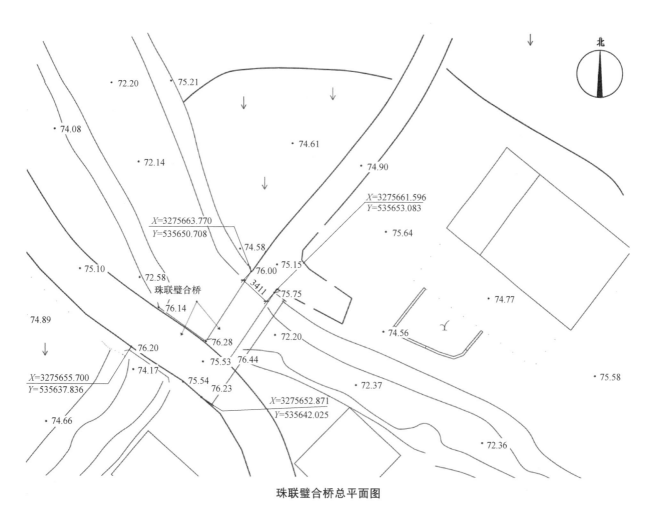

珠联璧合桥总平面图

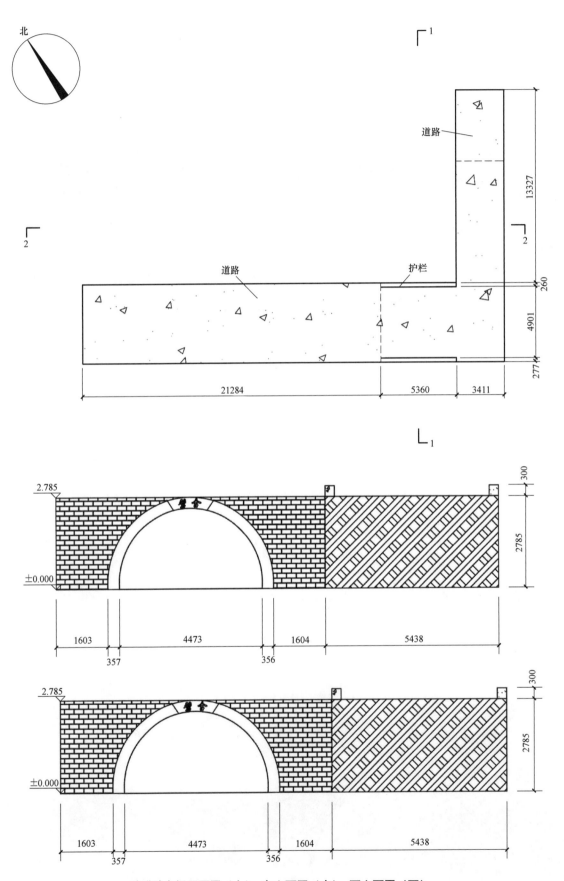

北

道路

护栏

道路

珠联璧合桥平面图（上）、东立面图（中）、西立面图（下）

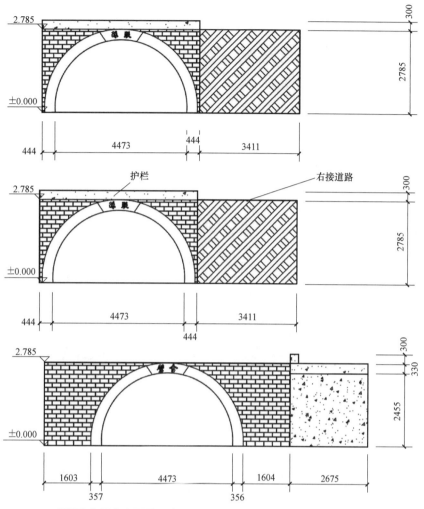

珠联璧合桥南立面图（上）、北立面图（中）、1-1剖面图（下）

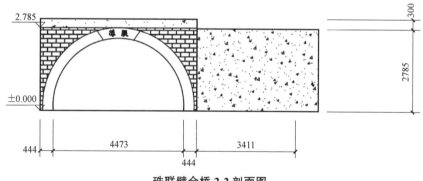

珠联璧合桥 2-2 剖面图

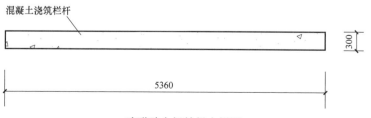

珠联璧合桥护栏大样图

·九江都昌篇·

2.1 传统民居

巢守律老屋

巢守律老屋航拍图

　　巢守律老屋位于阳峰乡吉阳坂上，于清朝建成。二层砖木结构，双坡琉璃瓦顶，青砖外墙粉刷淡黄真石漆，东侧有加建卧室、厨房、卫生间、储物间等功能用房。内部为木结构，苦槠木作柱，坚韧、富有弹性，柱下保留原柱础。内一层后做吊顶，地面铺设仿木纹瓷砖。

巢守律老屋

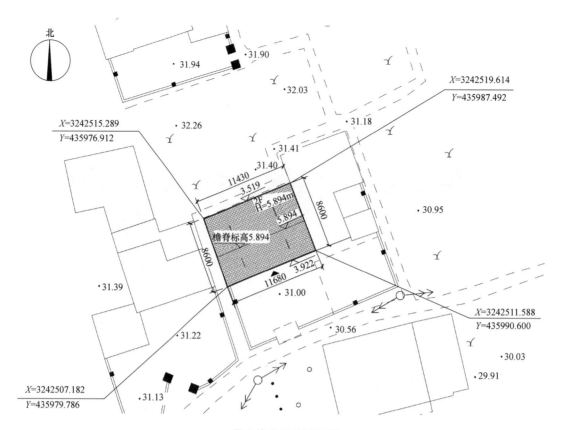

巢守律老屋总平面图

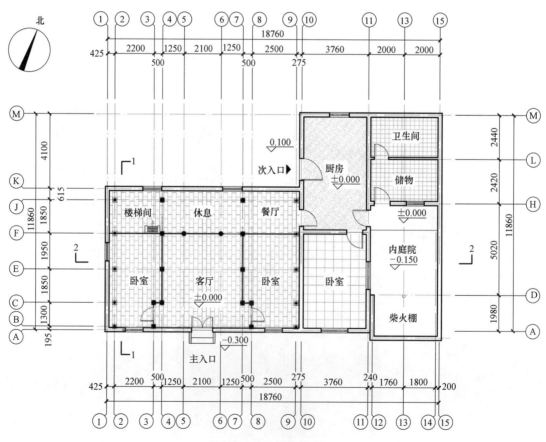

巢守律老屋一层平面图

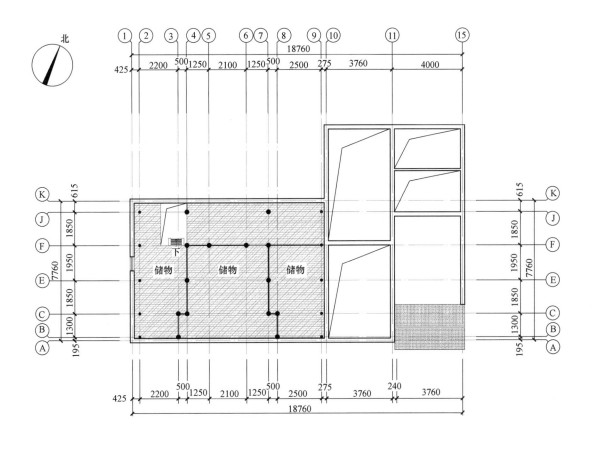

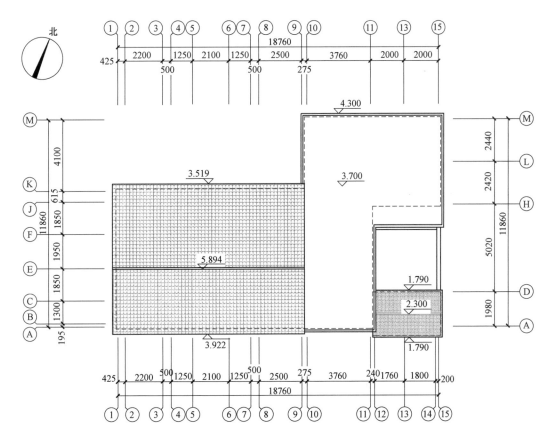

巢守律老屋二层平面图（上）、屋顶平面图（下）

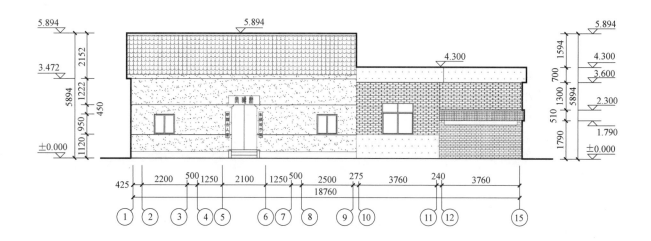

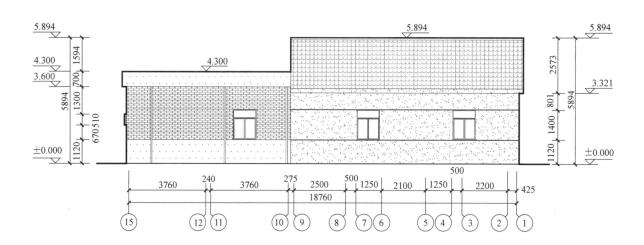

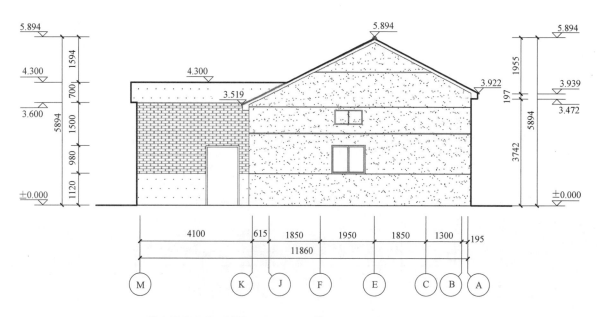

巢守律老屋南立面图（上）、北立面图（中）、西立面图（下）

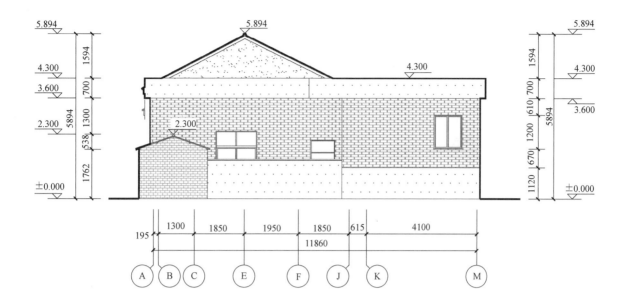

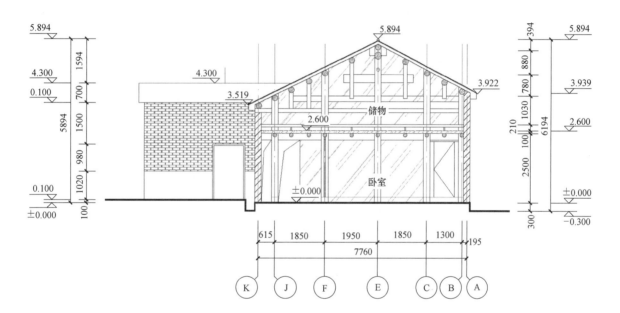

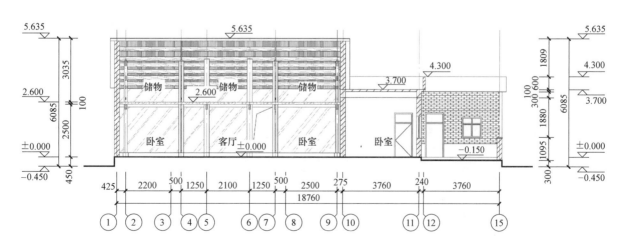

巢守律老屋东立面图（上）、1-1 剖面图（中）、2-2 剖面图（下）

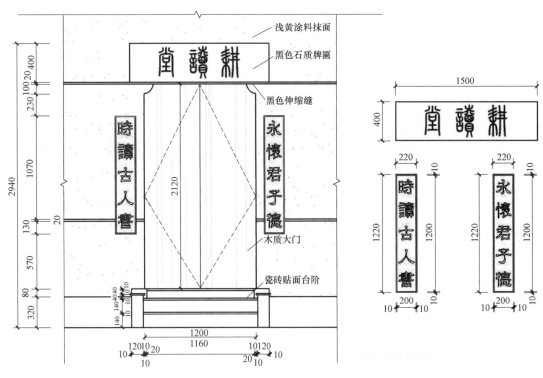

巢守律老屋主入口门头大样图

刘禹花屋

刘禹花屋航拍图

  刘禹花屋位于徐埠镇勋而咀，建成于清朝。二层砖木结构，房屋总体为二进。房屋内部墙壁有雕花，吊顶纹案复杂，屋内牌匾众多。房屋门头为砖木混搭，雕花十分精细。然所处地理位置比较偏僻，大部分镀金雕花被盗窃破坏严重，亟需修缮保护。

刘禹花屋

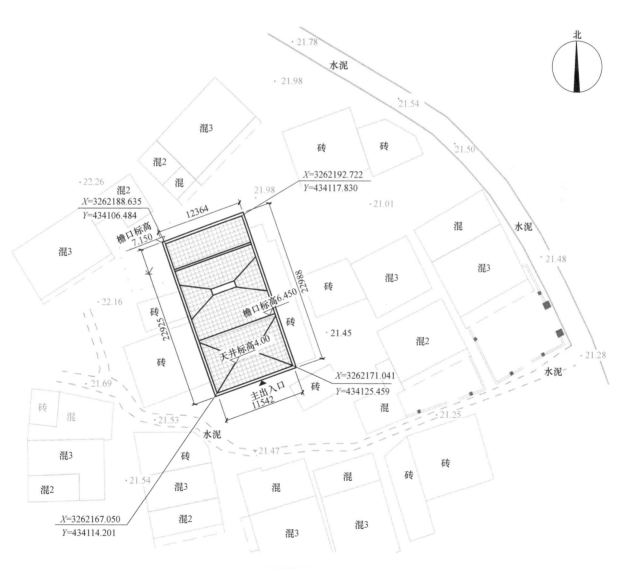

刘禹花屋总平面图

北

卧室

卧室

次入口
M2

M2　　　M2

大厅

C1　　　　　　　C1

M1　　　　　　　　　　M1

次入口 M2 M1　　　　　　　M1 M2 次入口

储物间　　　天井　　　储物间

975 1120　　2680　　1120 1000

室内地面标高±0.000　　　屋外地面
标高0.100

M3 M1

储物间　　　储物间

M1　　　　　　　　M1

M2　　M4 ZC1 M2

次入口 M2　M1　C1　　　　　C1　M1　M2 次入口

M2　　大厅　　M2

天井

240

130 550 240

卧室　　　卧室

C1　　　C1 ZC2　ZC3

M5

主入口

11540

2310 1090 4740 1090 2310

2310 1090 4740 1090 2310

11540

1570 4200 1260 3500 1260 4200 1260 3500 1820

22570

刘禹花屋一层平面图

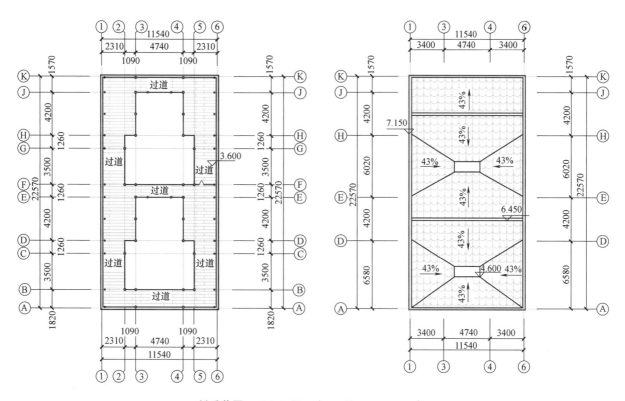

刘禹花屋二层平面图（左）、屋顶平面图（右）

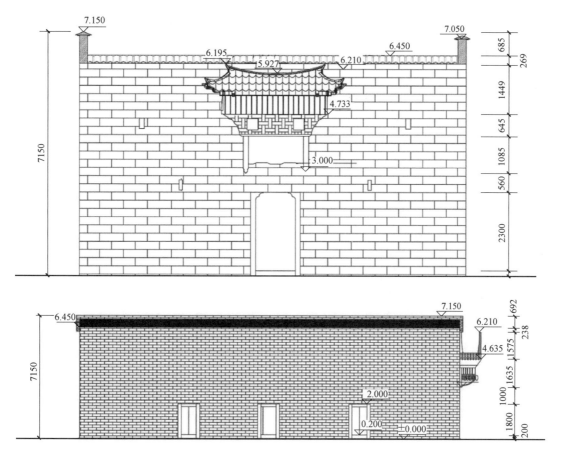

刘禹花屋南立面图（上）、西立面图（下）

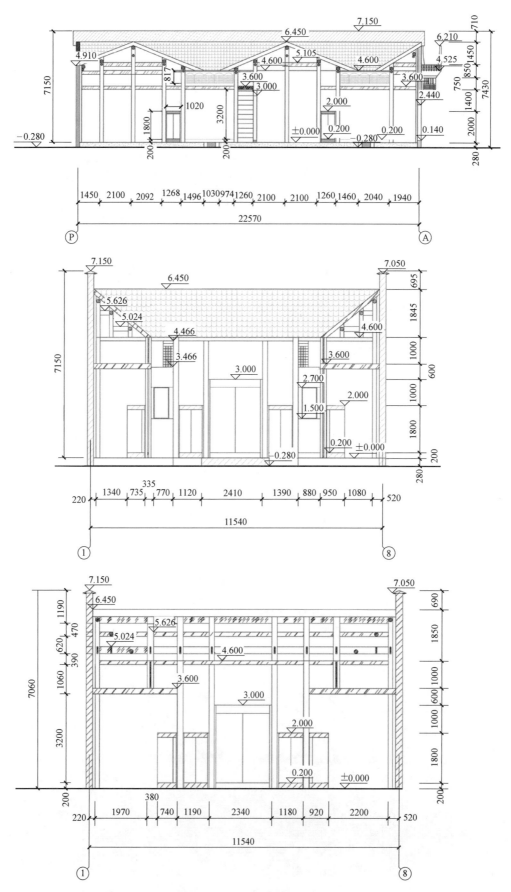

刘禹花屋 1-1 剖面图（上）、2-2 剖面图（中）、3-3 剖面图（下）

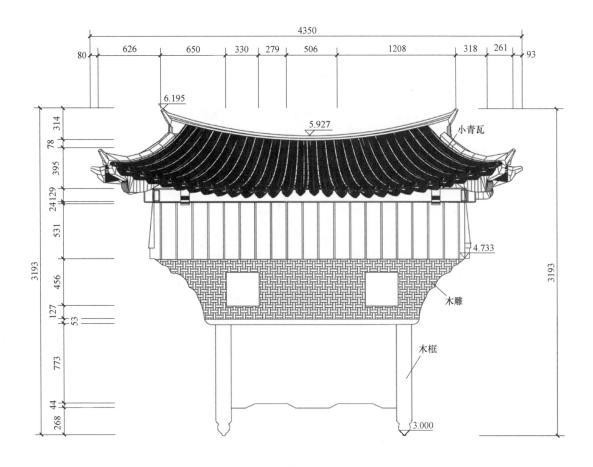

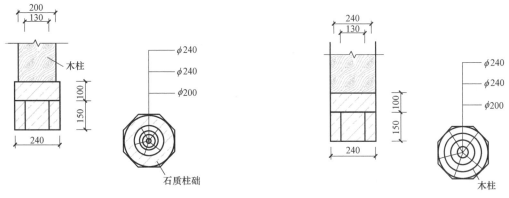

刘禹花屋门头（上）、柱础（下）大样图

占乔松洋房

占乔松洋房航拍图

占乔松洋房位于和合乡水产青龙嘴，于清朝建成。二层砖木结构，青瓦顶，青砖外墙，东侧为客厅、卧室、储物间，西侧为厨房、卫生间等功能用房。内部为木结构，柱下保留原柱础。内一层后做吊顶，一层地面铺砖石，二层地面为木板。

占乔松洋房

北

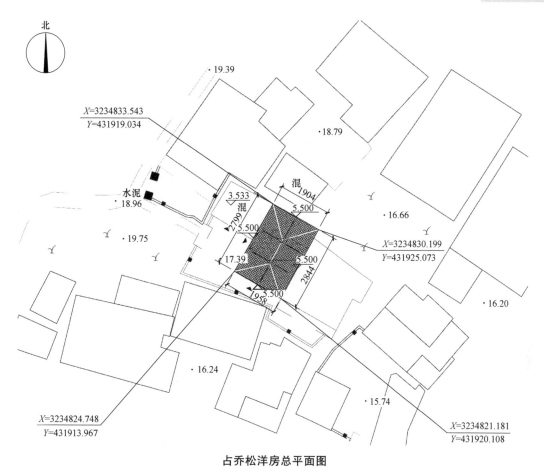

X=3234833.543
Y=431919.034

水泥
·18.96

·19.39

·18.79

混 1904

3.533
混
2799

5.500

5.500

17.39

5.500
2844

·19.75

5.500
1958

·16.66

X=3234830.199
Y=431925.073

·16.20

X=3234824.748
Y=431913.967

·16.24

·15.74

X=3234821.181
Y=431920.108

占乔松洋房总平面图

北

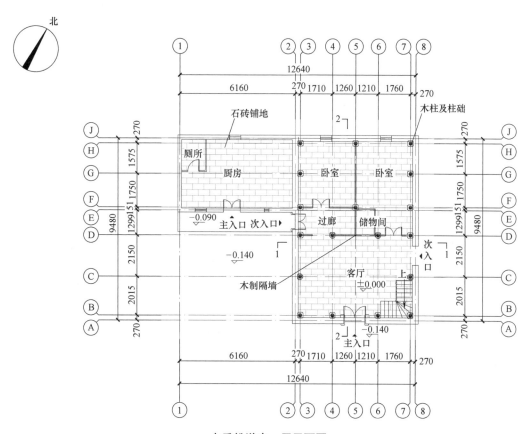

石砖铺地

木柱及柱础

厕所

厨房

卧室

卧室

主入口 次入口
−0.090

过廊

储物间

−0.140

木制隔墙

客厅
±0.000

次
入
口

上

−0.140

主入口

占乔松洋房一层平面图

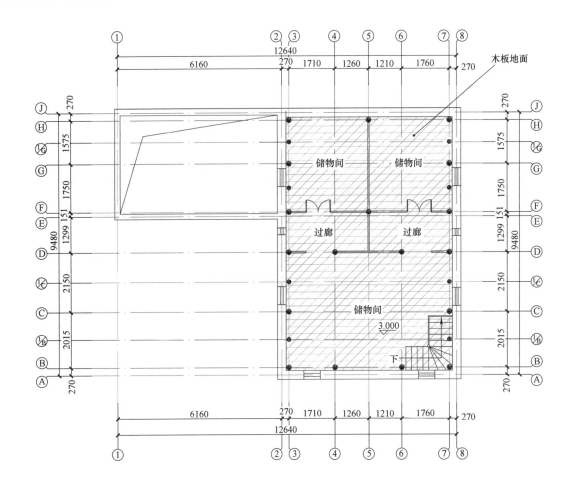

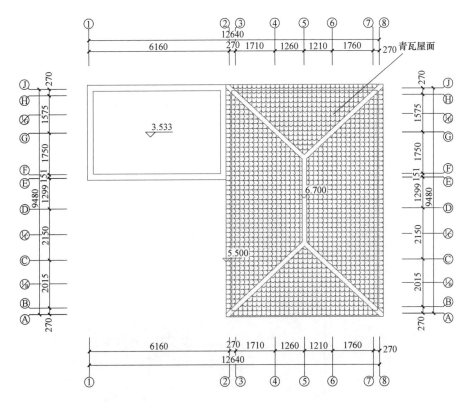

占乔松洋房二层平面图（上）、屋顶平面图（下）

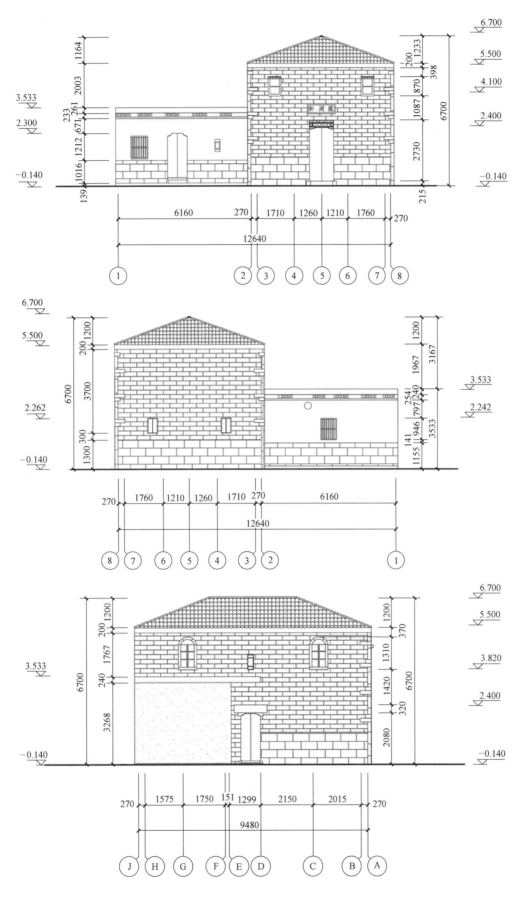

占乔松洋房南立面图（上）、北立面图（中）、西立面图（下）

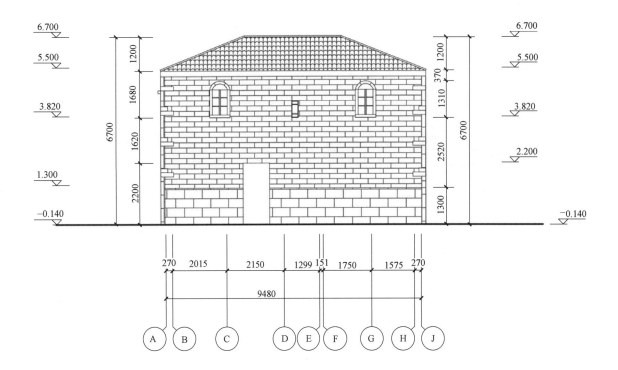

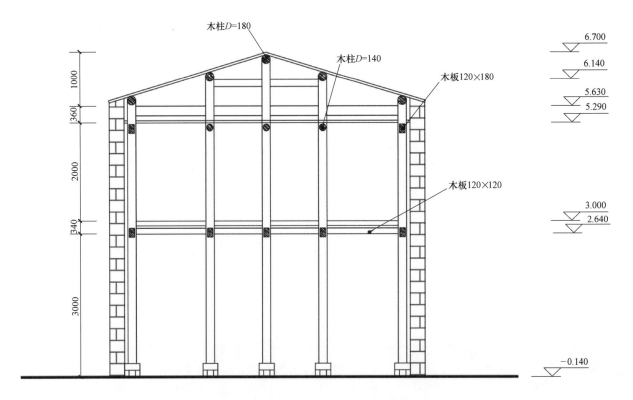

占乔松洋房西立面图（上）、1-1 剖面图（下）

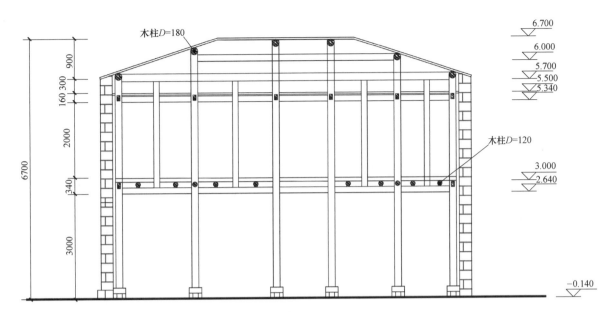

占乔松洋房 2-2 剖面图

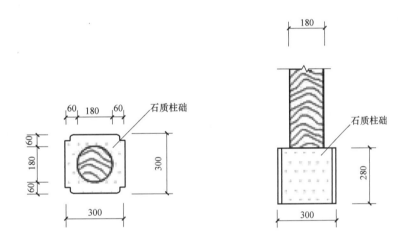

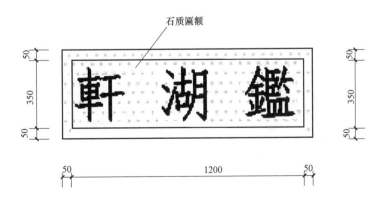

占乔松洋房柱础（上）、匾额（下）大样图

2.2 楼坊桥井

徐门楼

徐门楼航拍图

徐门楼位于多宝乡宝桥徐贯，建于 1929 年，砖木结构，墙体以砖木、石材为主，石质底座，保存较为完好，雕花精美，但破损较为严重，需进一步修缮保护，具有一定的研究和参考价值。

徐门楼

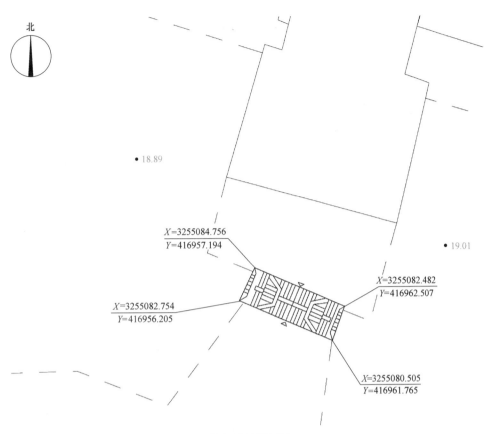

北

• 18.89

$X=3255084.756$
$Y=416957.194$

• 19.01

$X=3255082.482$
$Y=416962.507$

$X=3255082.754$
$Y=416956.205$

$X=3255080.505$
$Y=416961.765$

徐门楼总平面图

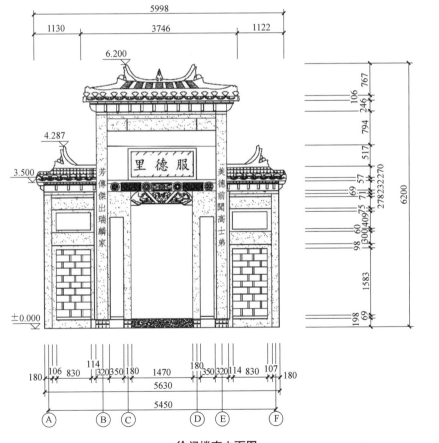

徐门楼南立面图

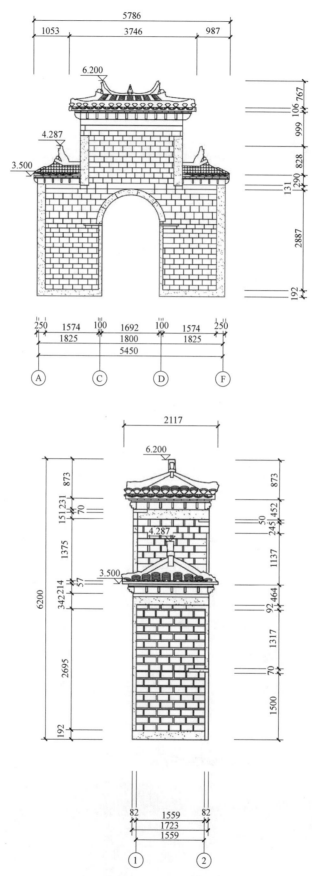

徐门楼北立面图（上）、东立面图（下）

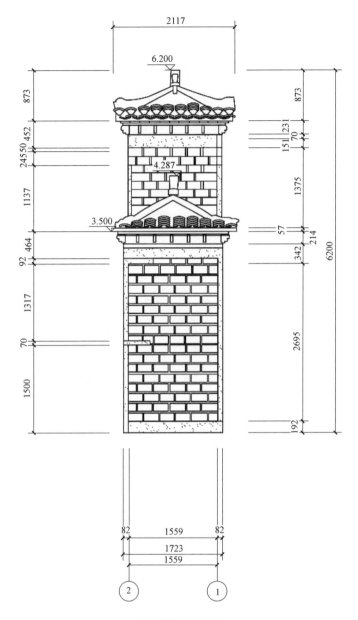

徐门楼西立面图

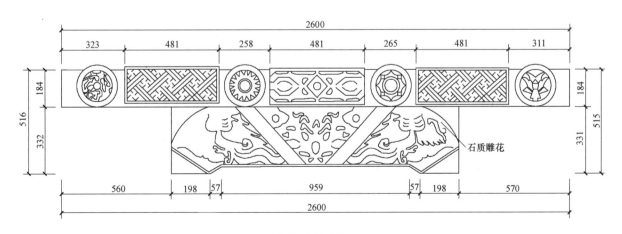

徐门楼雕花大样图

马涧桥

马涧桥航拍图

马涧桥位于鸣山乡马涧桥村，建于元朝延祐年间，是都昌县唯一保存较好、跨度最大、桥亭合一的单孔石砌拱桥。桥亭部分为二层砖木结构，双坡顶，青砖清水墙，历经数次重修再建。元延祐年间，邑人李善庆，为解救民众涉水之难，捐资建桥。厥后桥损亭废，李平山慷慨解囊，创建亭宇，后由李笑山、李昌虎、李昌恭、李道英集资修建。历经乾隆五十八年（1793年）众姓重修，咸丰二年（1852年）县人五品顶戴李春晖等倡议再次重修。

马涧桥

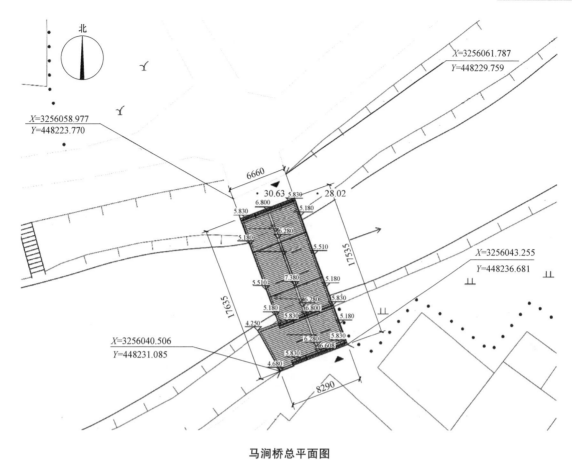

马涧桥总平面图

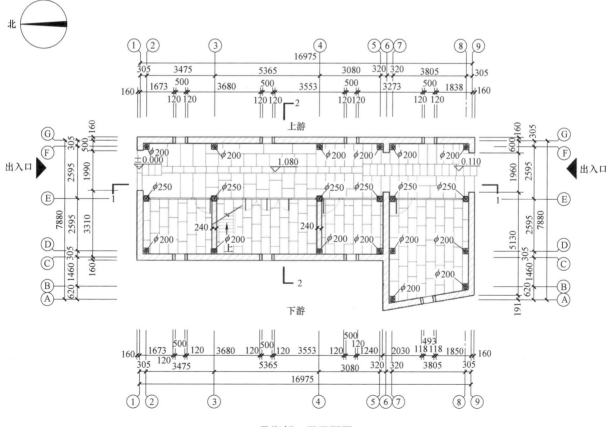

马涧桥一层平面图

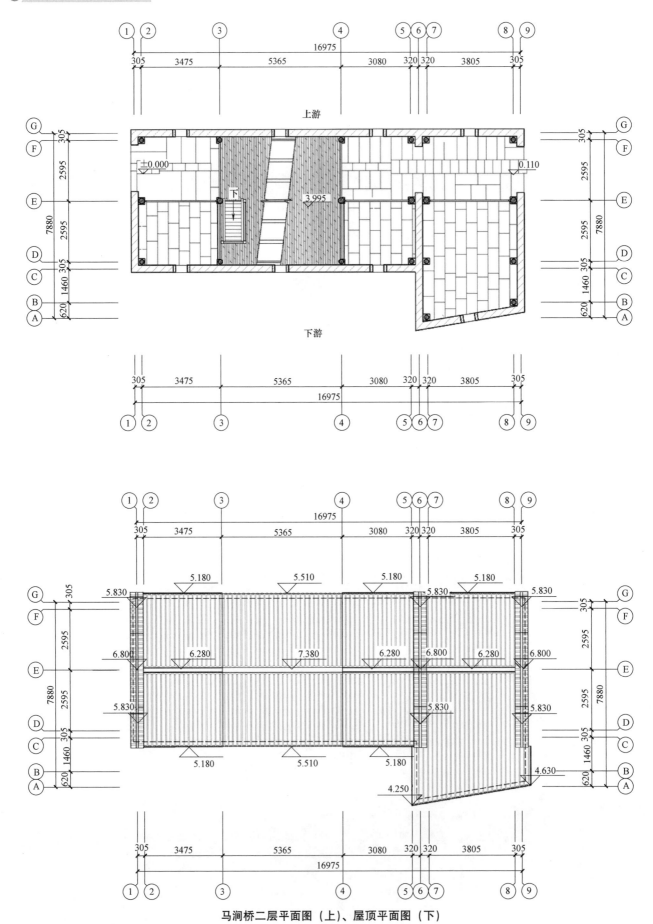

马涧桥二层平面图（上）、屋顶平面图（下）

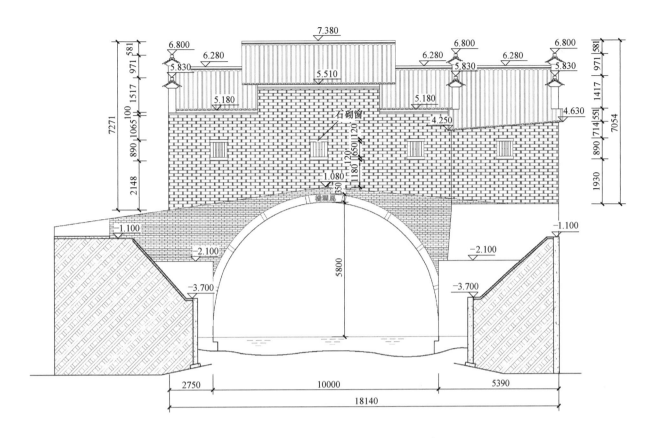

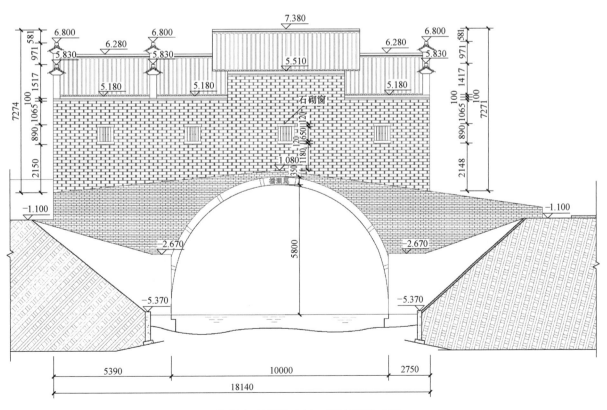

马涧桥东立面图（上）、西立面图（下）

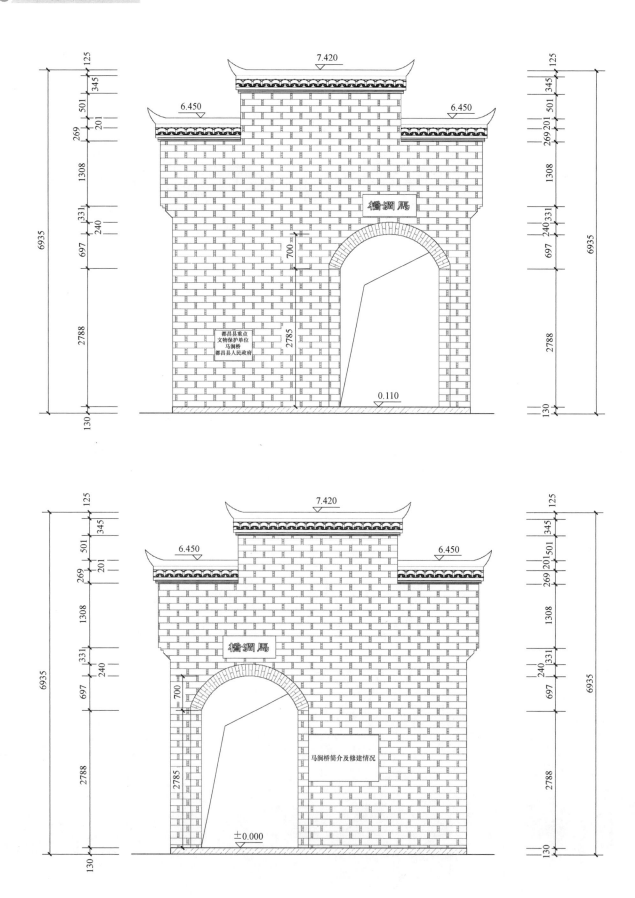

马涧桥南立面图（上）、北立面图（下）

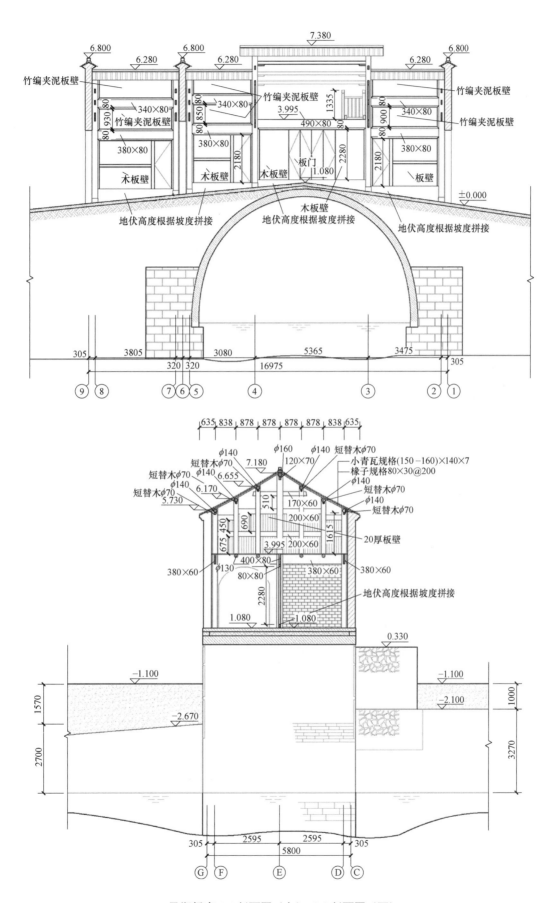

马涧桥南 1-1 剖面图（上）、2-2 剖面图（下）

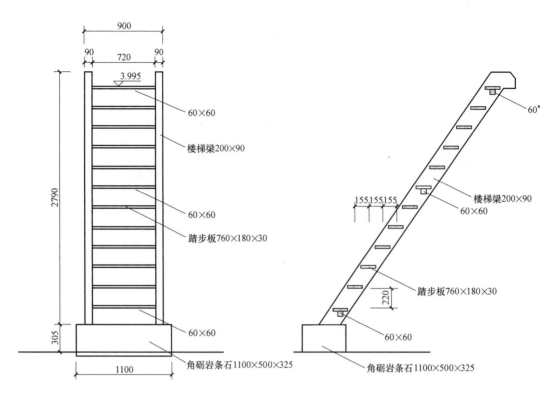

马涧桥楼梯大样图

古石桥

古石桥航拍图

古石桥位于徐埠集镇，建于明朝，清朝重修，虽多次遭洪涝袭侵，现仍保持了原貌。石桥七墩六孔，用青石板砌成，呈船形。每孔桥面均用5根40cm长的青石板铺架，桥两侧架设有34cm长的青石板护栏，后期修复中，护栏外用混凝土抹了一层。桥长约50m，宽约2m，高约4m。

古石桥

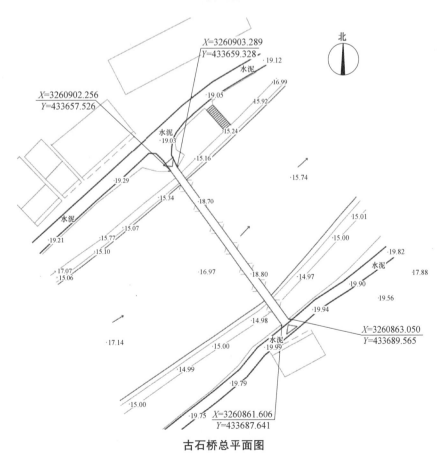

古石桥总平面图

北

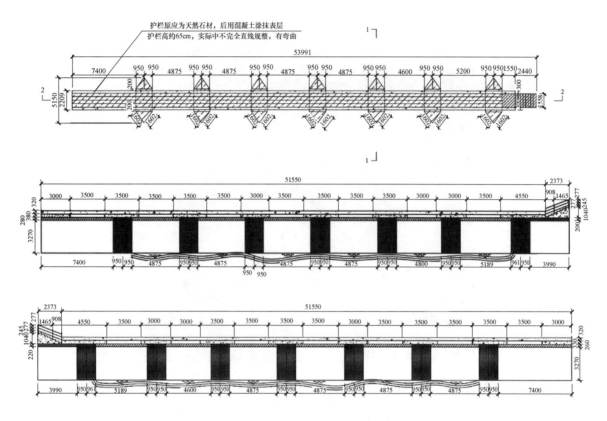

古石桥平面图（上）、南立面图（中）、北立面图（下）

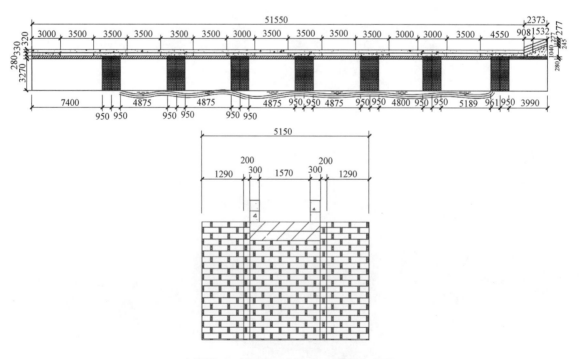

古石桥 1-1 剖面图（上）、2-2 剖面图（下）

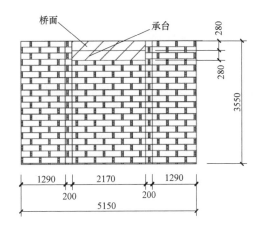

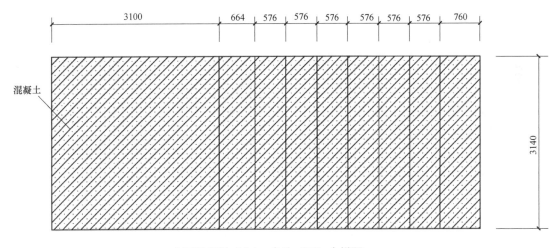

古石桥桥墩（上）、台阶（下）大样图

砚桥

砚桥航拍图

砚桥位于大港镇盐田梅桥港，建于清朝，虽屡遭雨水侵蚀，现仍保持原状，结构稳定。桥面采用6块天然石板拼接而成；桥墩采用天然石材，由石块搭砌而成。该桥目前仍然发挥着作用，被当地居民日常使用。

砚桥

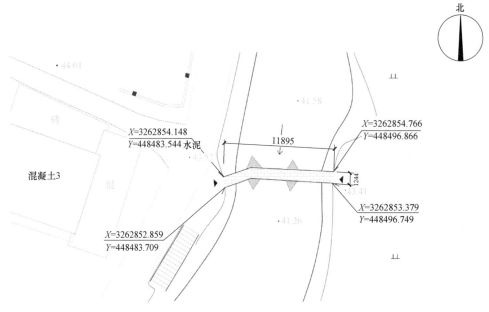

砚桥总平面图

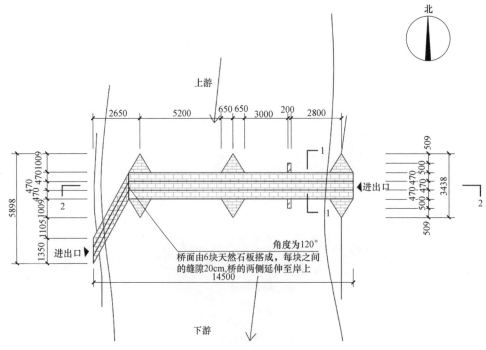

砚桥平面图

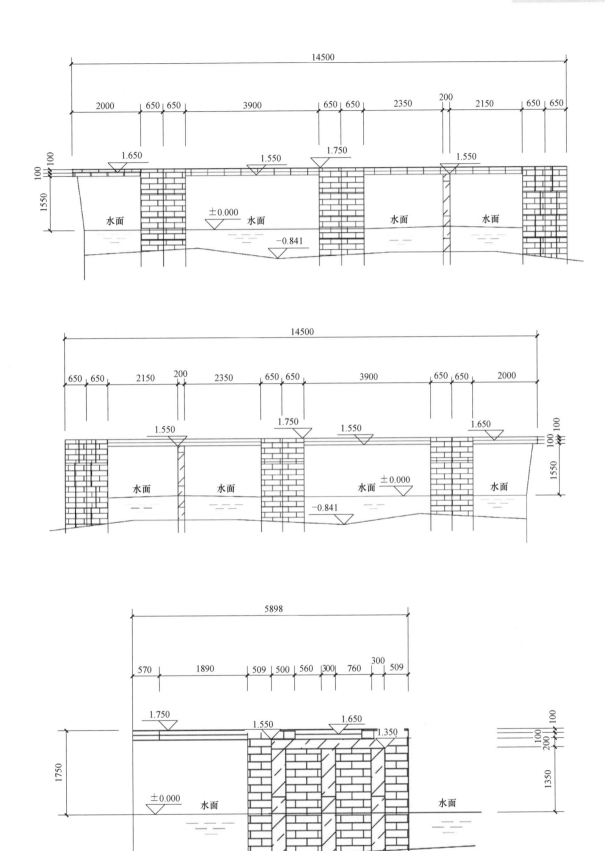

砚桥南立面图（上）、北立面图（中）、1-1 剖面图（下）

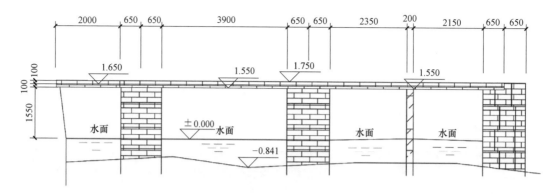

砚桥 2-2 剖面图

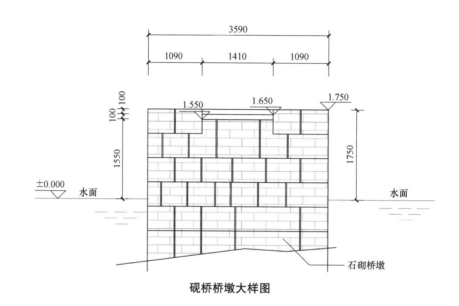

砚桥桥墩大样图

寡妇桥

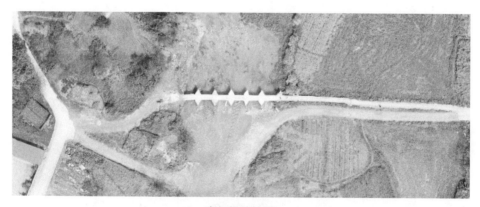

寡妇桥航拍图

寡妇桥位于蔡岭镇洞门,建于清朝末年,现状保存完好。主要材质为青石,桥面由五块板拼接而成。清末洞门的一个寡妇,热心慈善公益,决意倾其所蓄,捐来建桥。第一次请人采购优质石料,买石料的人起了歹心,卷款外逃,不见踪影。第二次寡妇亲往,押船从洞门口至徐埠港,再驶入鄱阳湖,从星子载运回来建桥的麻石料。为了桥身安稳,港床下打了密密麻麻的松树桩,据说还用了民间的"斛桶金""斛桶银"来"镇桥"。石桥坚固,经 1998 年百年不遇的洪水浸袭后仅小修了一次,如今的样貌不逊当年。

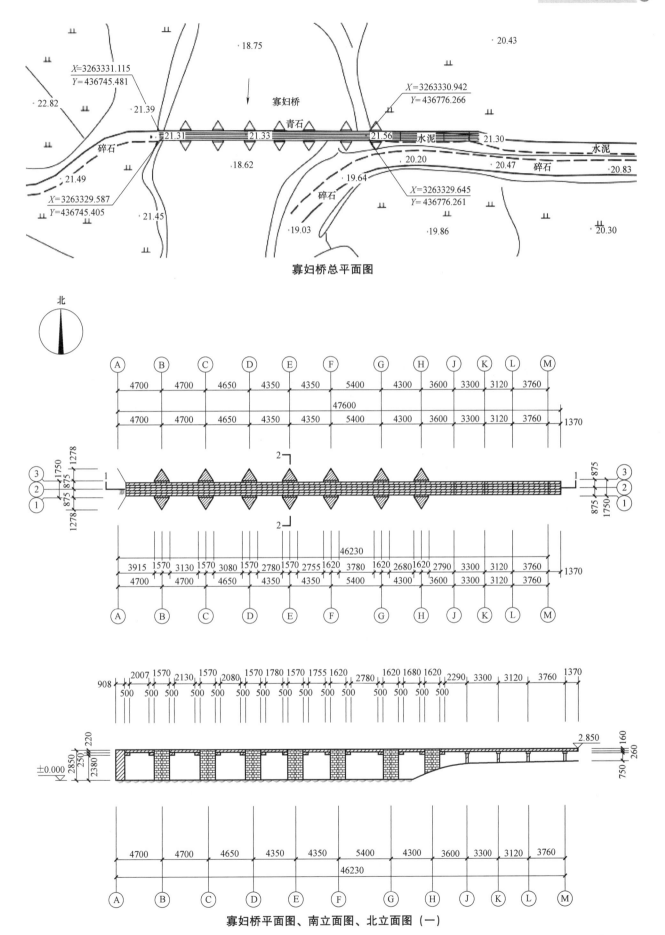

寡妇桥总平面图

寡妇桥平面图、南立面图、北立面图（一）

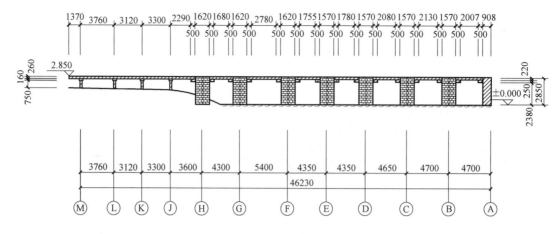

寡妇桥平面图、南立面图、北立面图（二）

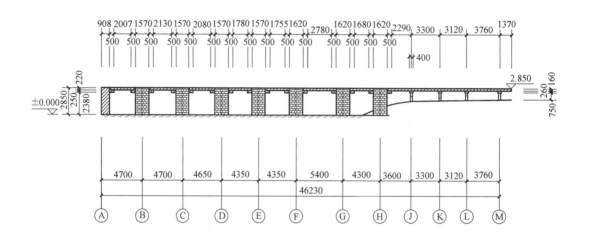

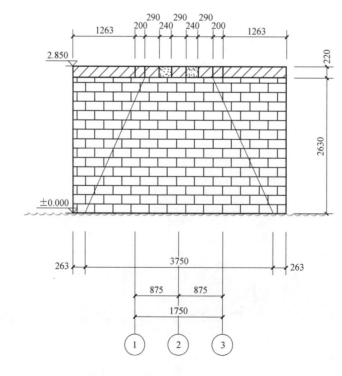

寡妇桥 1-1 剖面图（上）、2-2 剖面图（下）

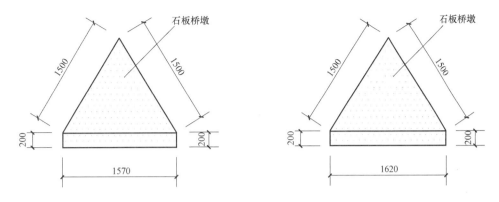

寡妇桥桥墩大样图

落思桥

落思桥航拍图

落思桥位于蔡岭西镇大舍，建于清朝，现仍保持了原貌。从结构上看，石桥六墩五孔，用青石板砌成，外观呈船形。桥长约 24m，宽约 1.5m，未设护栏。从目前来看，桥结实牢靠，现仍为当地居民正常使用。

落思桥

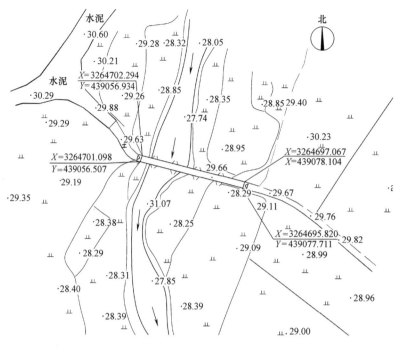

落思桥总平面图

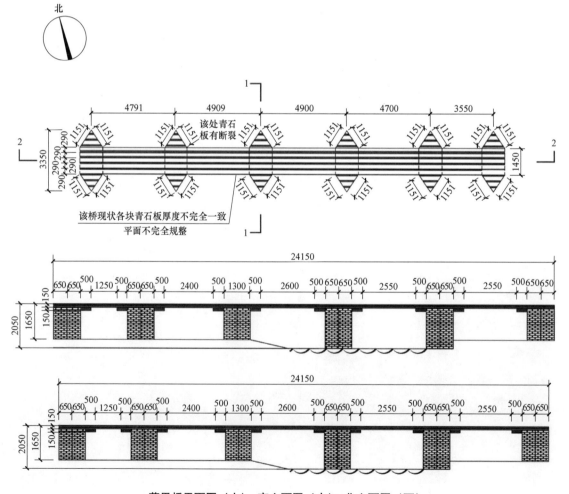

落思桥平面图（上）、南立面图（中）、北立面图（下）

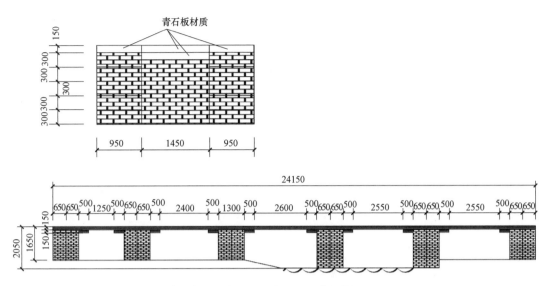

落思桥 1-1 剖面图（上）、2-2 剖面图（下）

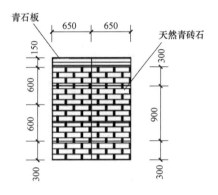

落思桥桥墩大样图

谭家桥

谭家桥航拍图

谭家桥位于蔡岭镇凤凰村，建于清朝。早先自有人迁居至武山脚下生活时起，从武山山脉山涧流水直至鄱阳湖，终年不息，形成了宽 30 多米的大港湾，隔断了生活在山脚下的村民南来北往的生活之路。

不管春夏秋冬，在此生活的人们，肩挑手推都要赤脚过港。

　　清光绪辛酉年间，住在港东头的石岩村大户石经波与住在港西头的谭家村大户谭昌谊牵头筹资修建了一座长约30m的石桥。由于当时习俗，桥建好后要"守桥"（即架桥梁时必须叫一个人的名字才能架桥梁），当时石、谭二人商议，修路架桥是行善积德，既然是我二人建桥也必须是我二人"守桥"，双方同意架桥梁时，双方坐轿过桥叫他俩的名字，但第三天，谭昌谊意外死亡，故将该桥取名谭家桥，一直流传至今。

谭家桥

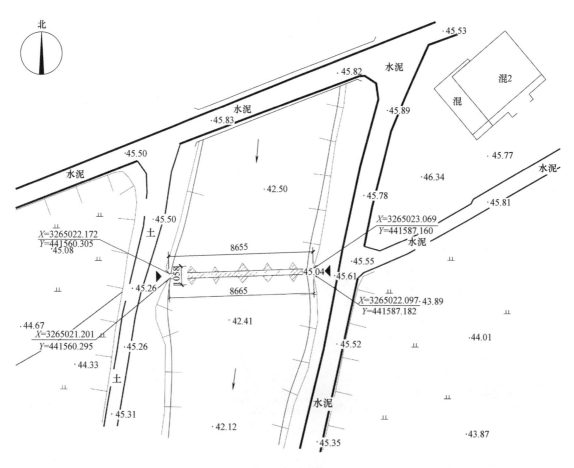

谭家桥总平面图

北

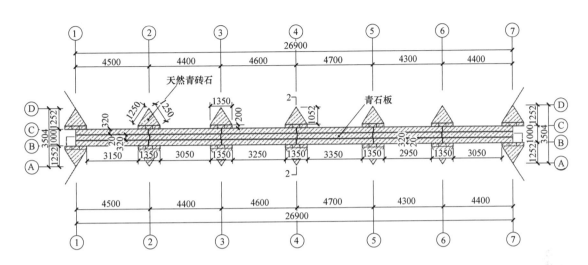

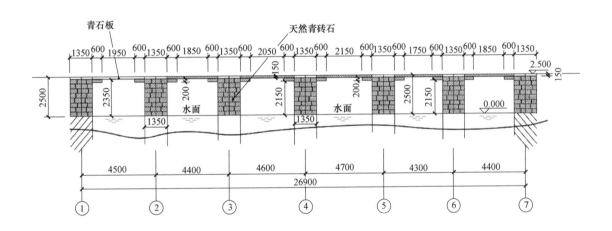

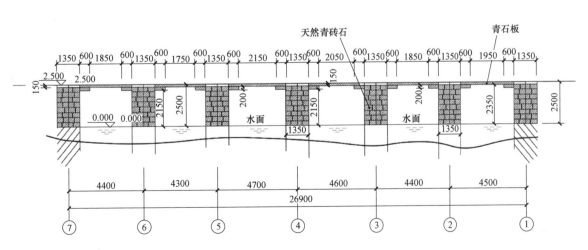

谭家桥平面图（上）、南立面图（中）、北立面图（下）

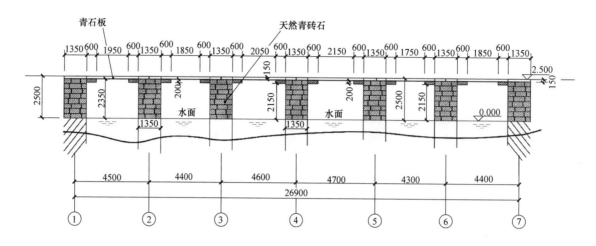

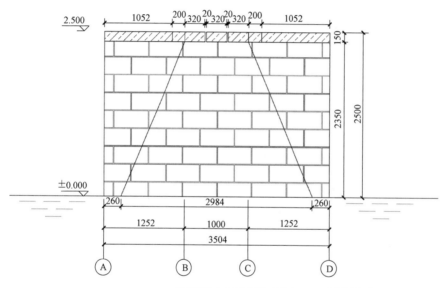

谭家桥 1-1 剖面图（上）、2-2 剖面图（下）

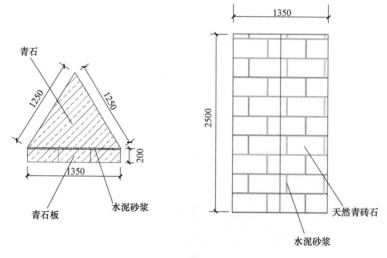

谭家桥桥墩大样图

3

· 宜春樟树篇 ·

3.1 传统民居

西大街 14 号民居

西大街 14 号民居航拍图

西大街 14 号民居位于樟树市临江镇西大街 14 号，建于清朝，为二层砖木结构，单坡青瓦顶（后修缮换为红色琉璃瓦），青砖外墙，房屋内部采光较差，结构目前保存较好，楼梯受腐蚀严重，存在安全隐患。

西大街 14 号民居（一）

西大街 14 号民居（二）

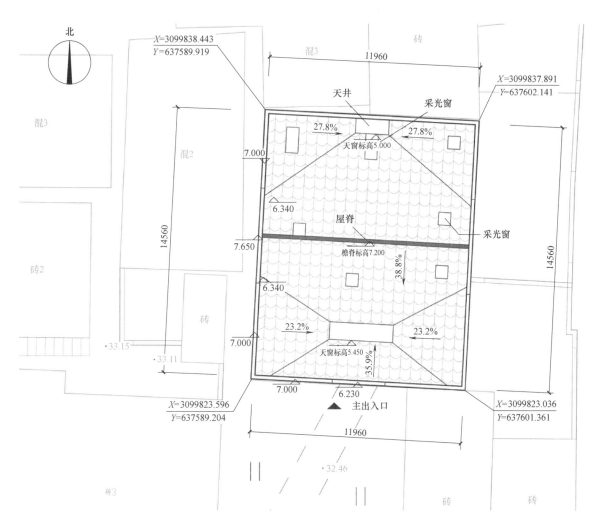

西大街 14 号民居总平面图

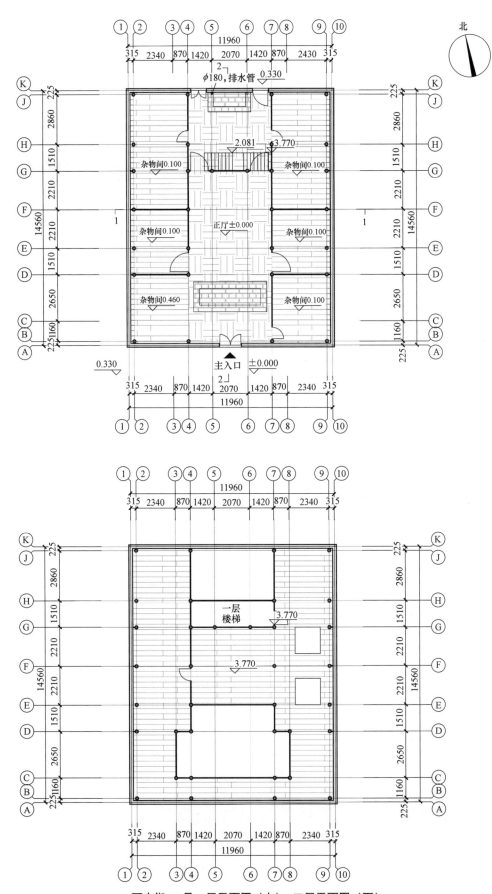

西大街 14 号一层平面图（上）、二层平面图（下）

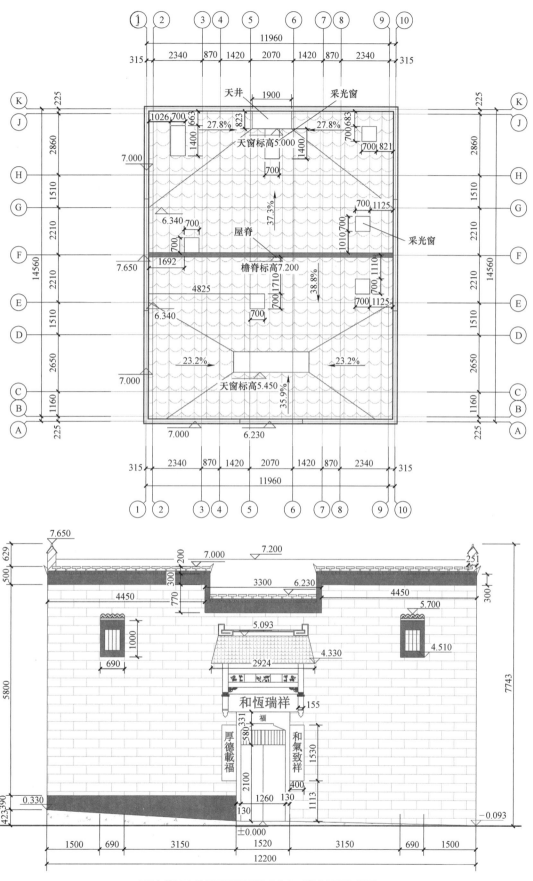

西大街 14 号屋顶平面图（上）、南立面图（下）

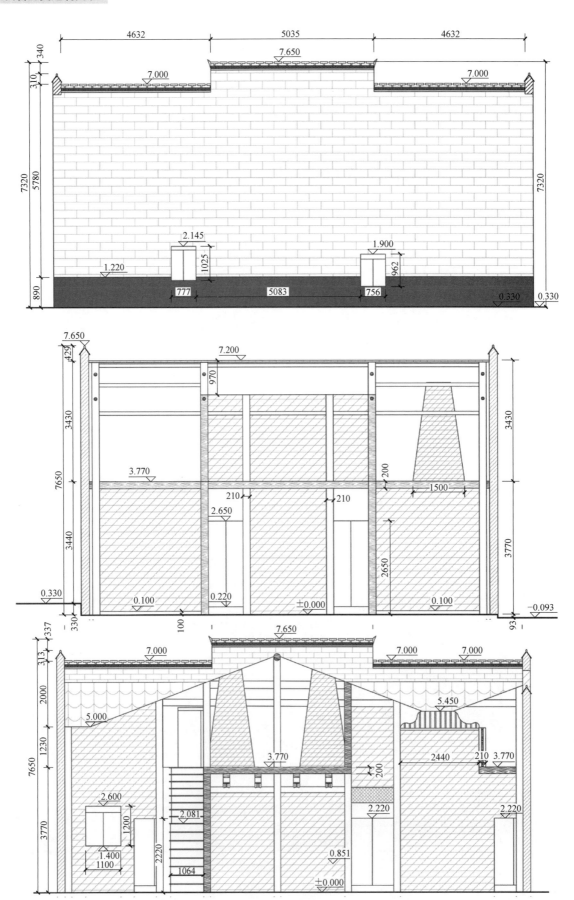

西大街 14 号北立面图（上）、1-1 剖面图（中）、2-2 剖面图（下）

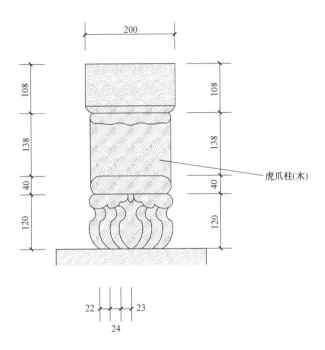

虎爪柱(木)

西大街 14 号民居虎爪柱大样图

万寿宫 21 号民居

万寿宫 21 号民居航拍图

　　万寿宫 21 号民居位于樟树市临江镇万寿宫 21 号，建于清朝，为一层砖木结构，外墙为砖墙。现为民宅，属于私宅性质。屋内有窗户雕花，以及短柱上的虎爪雕花，都十分精美，颇有历史建筑研究价值。

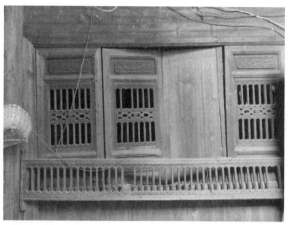

万寿宫 21 号民居

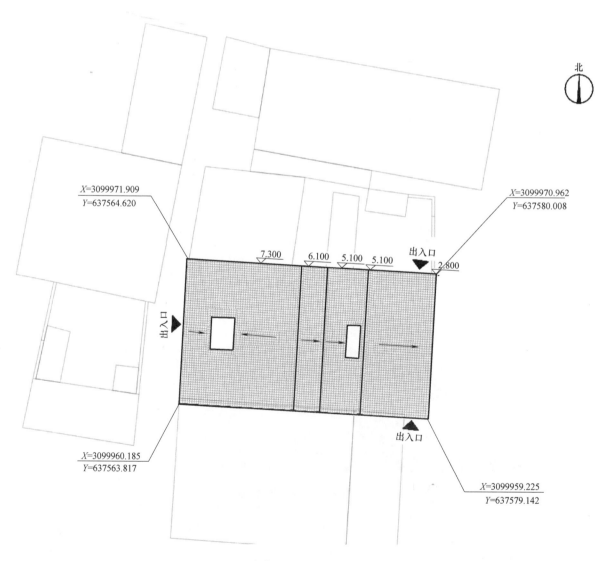

北

万寿宫 21 号民居总平面图

3 宜春樟树篇

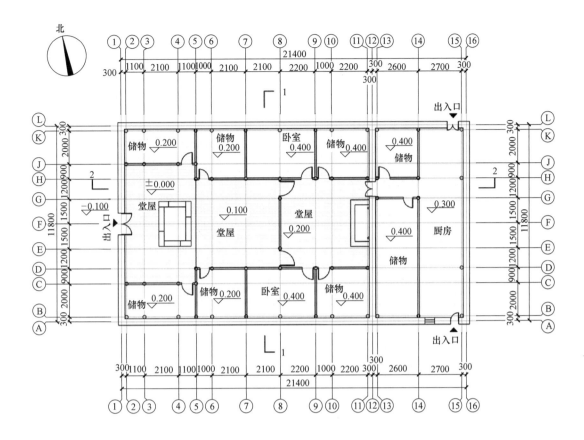

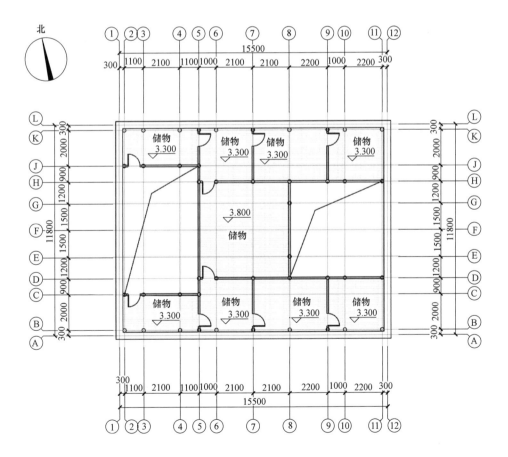

万寿宫 21 号民居一层平面图（上）、二层平面图（下）

· 201 ·

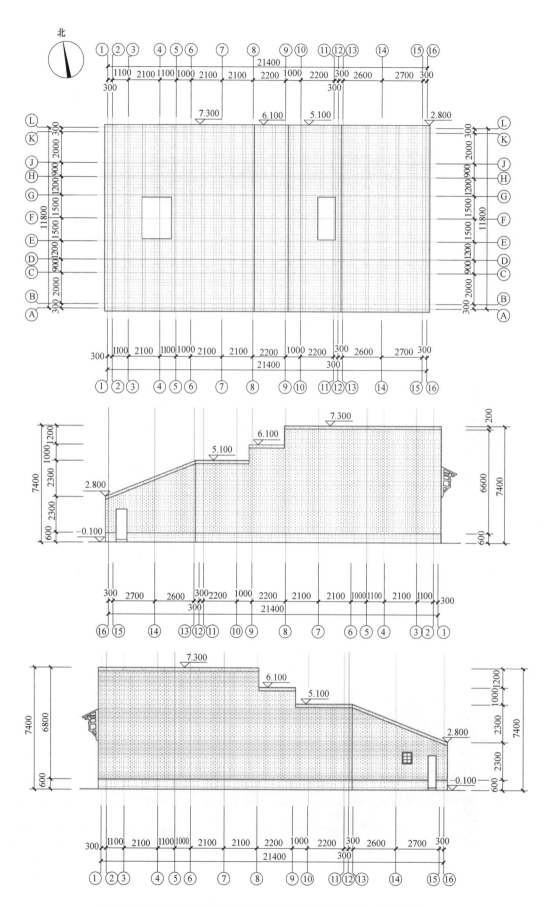

万寿宫 21 号民居屋顶平面图（上）、南立面图（中）、北立面图（下）

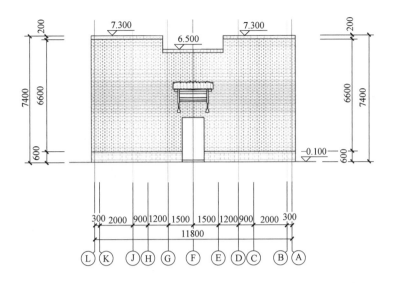

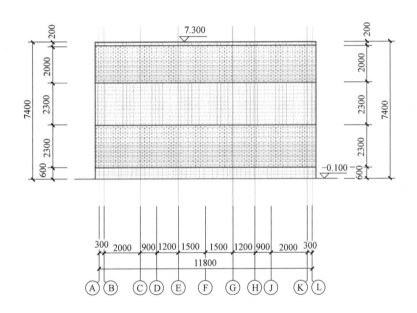

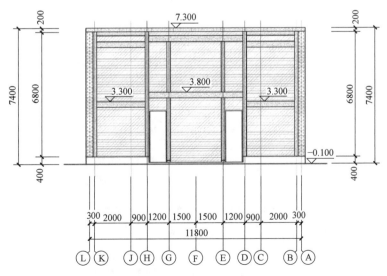

万寿宫 21 号民居西立面图（上）、东立面图（中）、1-1 剖面图（下）

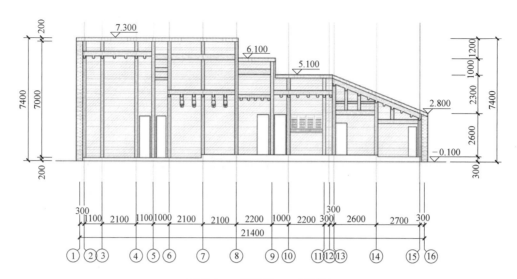

万寿宫 21 号民居 2-2 剖面图

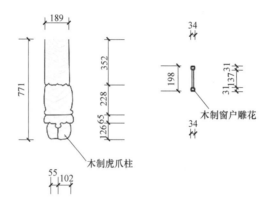

木制窗户雕花

木制虎爪柱

万寿宫 21 号民居虎爪柱及窗户雕花大样图

民主街 56 号民居

民主街 56 号民居航拍图

民主街 56 号民居位于樟树市临江镇民主街 56 号，建于民国时期，二层砖木结构，双坡青瓦顶，青砖外墙。屋顶设三个天窗，确保了房屋内部采光，目前结构保存完好。测绘时房屋周围道路正在施工，进出不便。同时，房屋与周围建筑直接连接，施工的时候需要考虑未来沉降对建筑保护带来的影响。

民主街 56 号民居

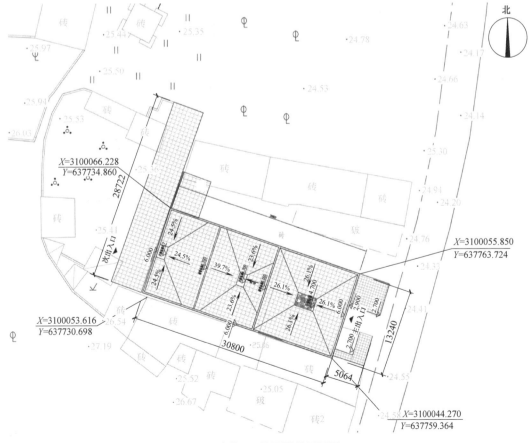

民主街 56 号民居总平面图

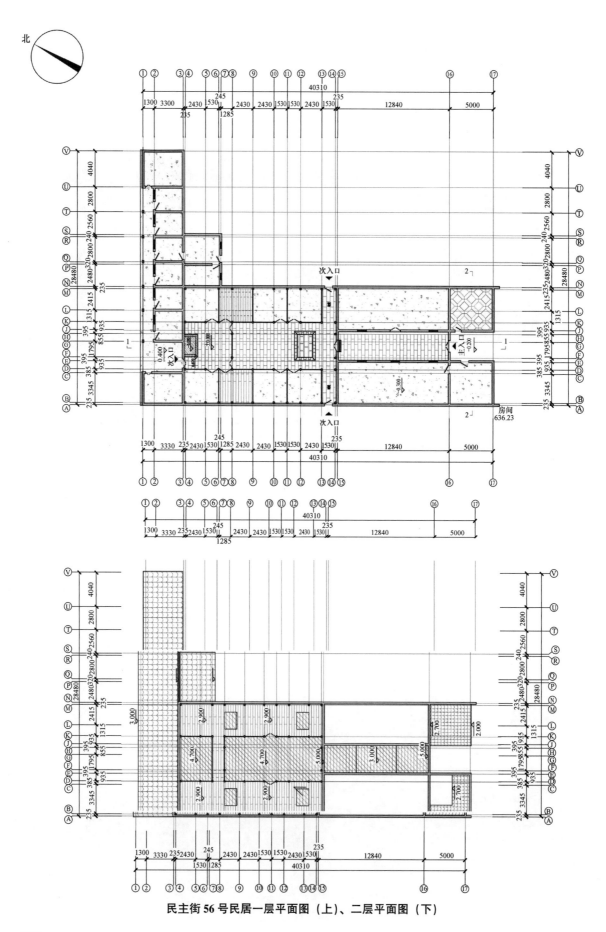

民主街 **56** 号民居一层平面图（上）、二层平面图（下）

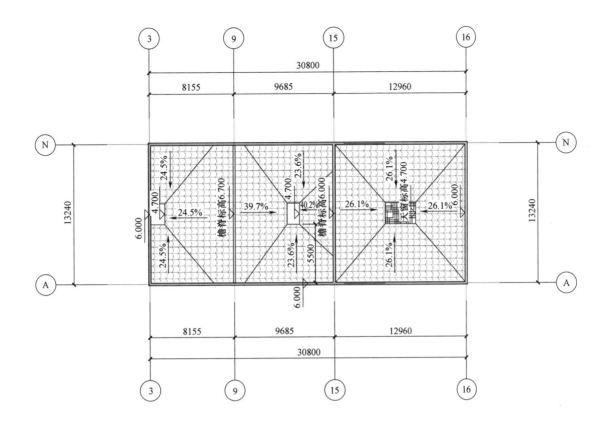

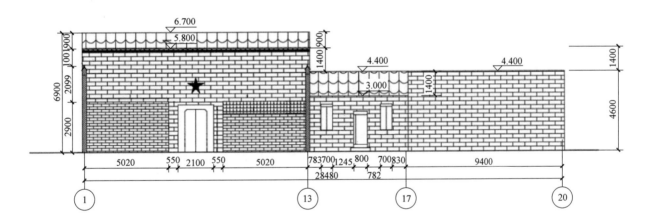

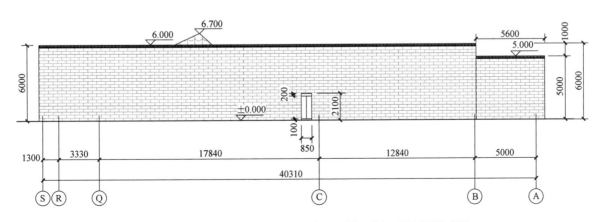

民主街 56 号民居屋顶平面图（上）、南立面图（中）、西立面图（下）

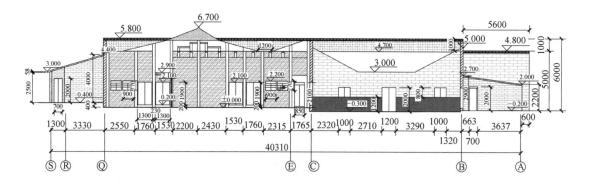

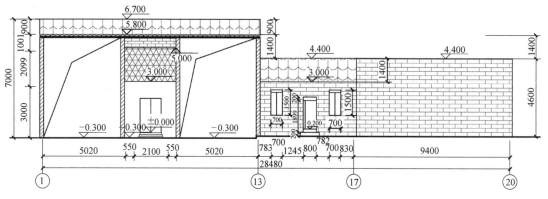

民主街 56 号民居 1-1 剖面图（上）、2-2 剖面图（下）

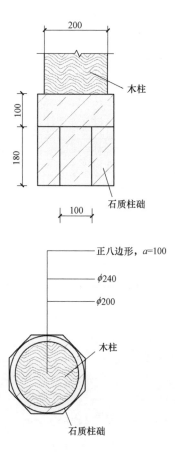

民主街 56 号民居柱础大样图

杨蔼泉旧宅

杨蔼泉旧宅航拍图

杨蔼泉旧宅位于樟树市淦阳街道封溪居委新民路 39 号，建于清末民初，二层砖木结构，双坡青瓦顶，青砖外墙，现为樟树市革命史纪念馆，厚重的大木门、斑驳的青石板，古朴庄重。纪念馆按照时间脉络，将樟树革命史分为五个时期进行布展，是各单位、院校、群众党史学习教育的重要基地。

杨蔼泉旧宅

杨蔼泉旧宅内部

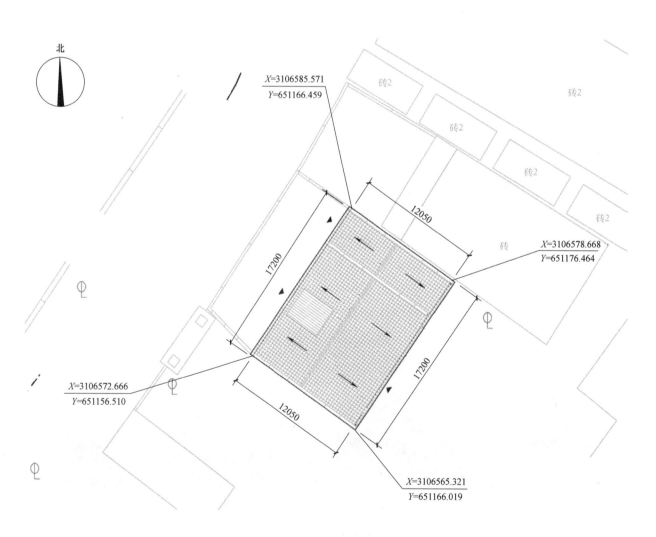

杨蔼泉旧宅总平面图

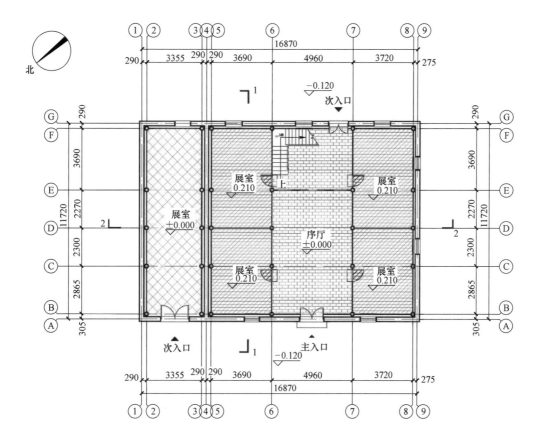

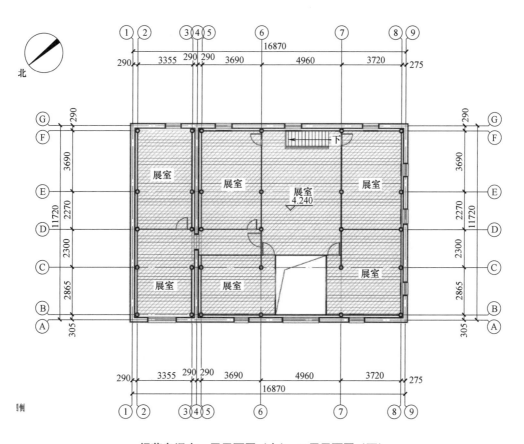

杨蔼泉旧宅一层平面图（上）、二层平面图（下）

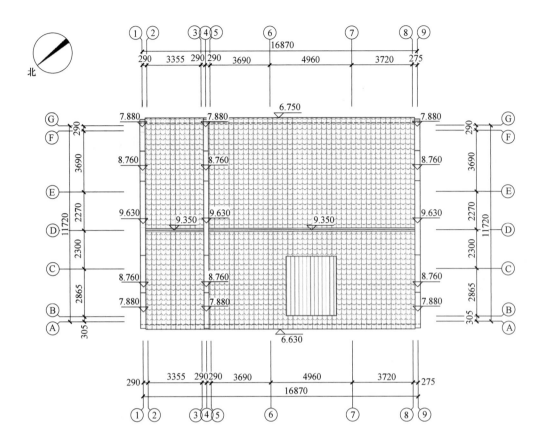

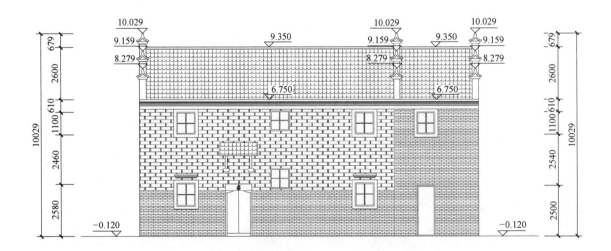

杨蔼泉旧宅屋顶平面图（上）、东立面图（下）

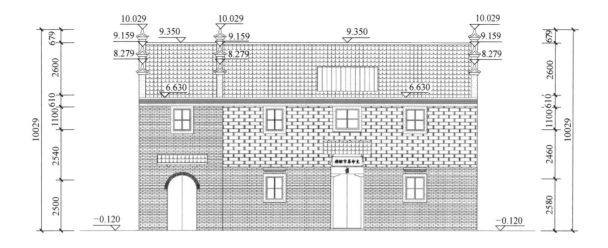

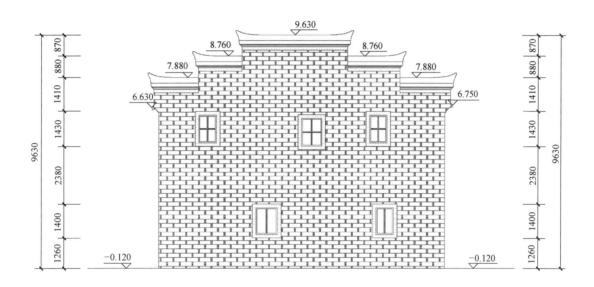

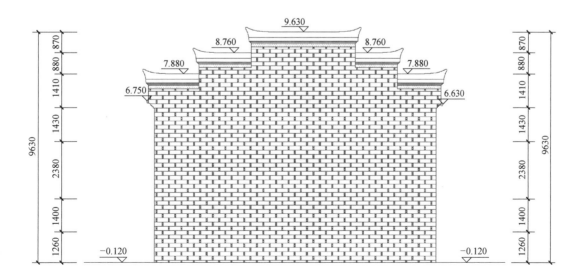

杨蔼泉旧宅东立面图（上）、南立面图（中）、北立面图（下）

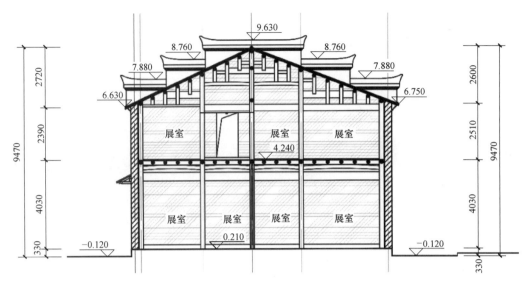

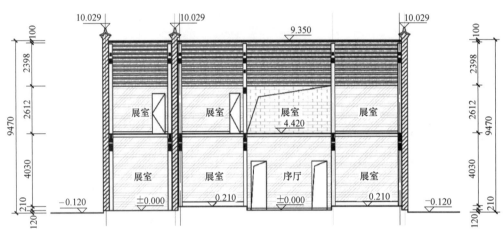

杨蔼泉旧宅 1-1 剖面图（上）、2-2 剖面图（下）

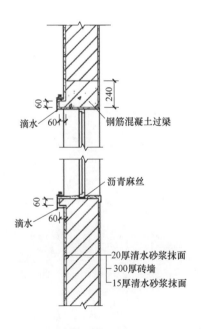

杨蔼泉旧宅楼梯外墙大样图

3.2 楼坊桥井

师姑井

师姑井航拍图

师姑井位于樟树市临江镇师姑巷，建于明朝，为砖木结构，且上面存在很多雕花。师姑井中水清且甜，旱不枯竭，为附近居民提供生活用水，且可作为一个景点供人观赏，具有一定的历史考古参考意义和旅游价值。

师姑井

北

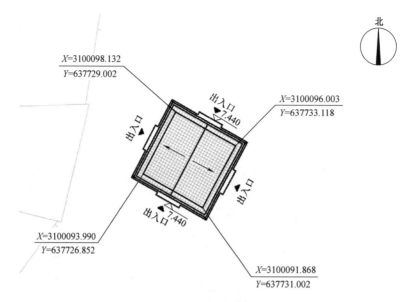

师姑井总平面图

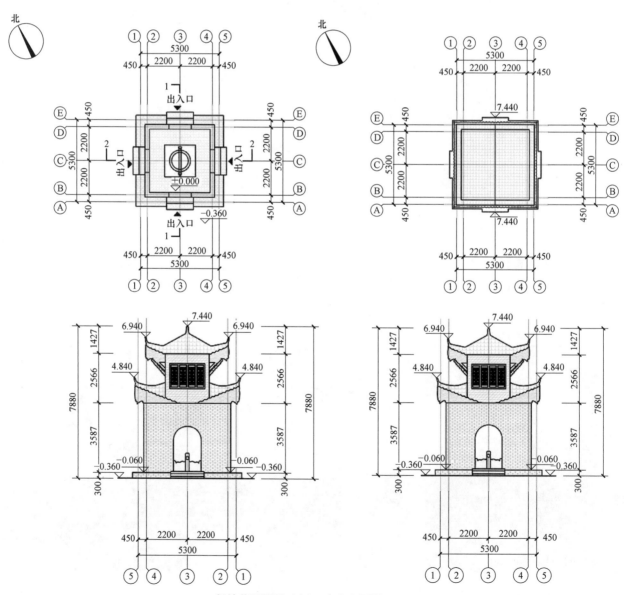

师姑井平面图（上）、南北立面图（下）

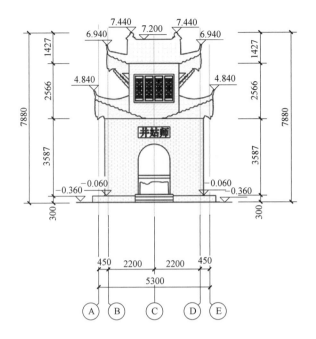

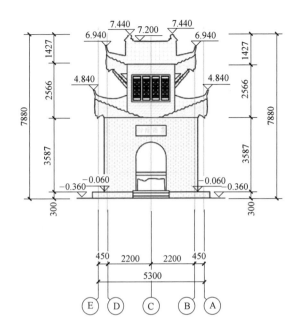

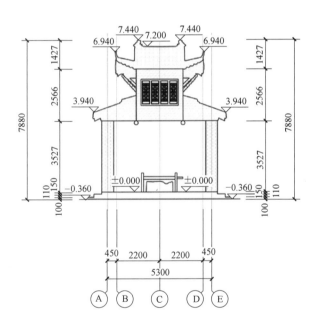

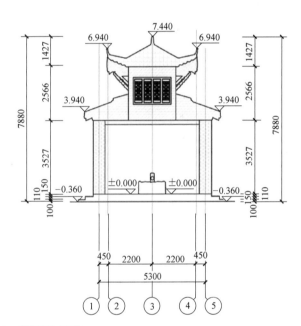

师姑井东西立面图（上）、剖面图（下）

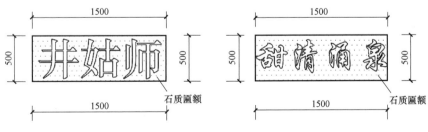

师姑井匾额大样图